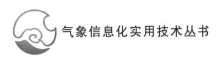

气象信息化实用技术丛书

U0175403

Python 语言基础与气象应用

唐晓文　朱　坚　黄丹青　刘高平　编著

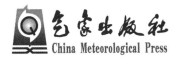

气象出版社
China Meteorological Press

内容简介

本书基于大气科学领域科研和业务的实际需求,系统地介绍了 Python 语言的基本语法、高级语言特征以及与气象科研和业务密切相关的工具库。内容的编排和撰写充分考虑了大多数气象工作者的计算机知识背景,通过与气象领域其他常用编程语言比较的方式,加深对 Python 语言的理解和应用能力。全书覆盖了气象资料分析中常用的数据整理、分析和绘图等常见功能。另外,本书还提供了很多气象常用的程序实例,并提供源代码下载供读者修改扩充。

图书在版编目(CIP)数据

Python 语言基础与气象应用 / 唐晓文等编著. — 北京 : 气象出版社,2020.8(2023.1 重印)
　　ISBN 978-7-5029-7218-9

　　Ⅰ.①P⋯　Ⅱ.①唐⋯　Ⅲ.①软件工具-程序设计-应用-气象学-研究　Ⅳ.①P409

　　中国版本图书馆 CIP 数据核字(2020)第 096488 号

Python 语言基础与气象应用
Python Yuyan Jichu yu Qixiang Yingyong

唐晓文　朱　坚　黄丹青　刘高平　编著

出版发行:气象出版社	
地　　址:北京市海淀区中关村南大街 46 号	邮政编码:100081
电　　话:010-68407112(总编室)　010-68408042(发行部)	
网　　址:http://www.qxcbs.com	**E-mail**:　qxcbs@cma.gov.cn
责任编辑:黄红丽　王　迪	终　审:吴晓鹏
责任校对:张硕杰	责任技编:赵相宁
封面设计:博雅思	
印　　刷:三河市君旺印务有限公司	
开　　本:787 mm×1092 mm　1/16	印　张:15.5
字　　数:350 千字	
版　　次:2020 年 8 月第 1 版	印　次:2023 年 1 月第 3 次印刷
定　　价:75.00 元	

本书如存在文字不清、漏印以及缺页、倒页、脱页等,请与本社发行部联系调换

谨以此书献给
知贤、立贤、文心

前　言

2019 年 2 月 15 日下午,我接到气象出版社黄红丽副编审的来电。简短交流之后,我们便决定启动这本图书的编写工作。我清楚地记得这个日子,因为那时我正在医院陪护刚出生一天的两个儿子。虽然在此之前未独立编写过任何正式的书籍教材,但是我非常清楚需要为这本书的出版付出很多时间。特别是在两个新生命到来的时候,能抽出时间完成编写工作一定会更加困难。但是,这本书对于气象这一学科而言,也算是一件新事物。就像这两个新生命的降临一样,再多的付出一定都是值得的。

近年来,Python 语言一跃成为科学计算领域最热门的编程工具。但是,在对科学计算具有极大需求的气象科研和业务领域,Python 语言尚未得到应有的普及和应用。这可能与气象领域特殊的软件应用生态密切相关。对于一个普通的气象工作者而言,熟练掌握几种编程语言和数据分析工具是一项必备的基本职业技能。入门并熟练掌握这些软件工具通常需要很长时间的历练和经验累积,在有限的时间和精力下,很多气象工作者并不愿意盲目地尝试一门新的计算机语言。因此,编写本书的初衷是希望向气象同行证明,学习 Python 是气象工作者能够投资,也是最值得投资的技能之一。

基于这样的初衷,本书内容的编排在确保满足气象科研和业务需求的前提下,力求简明扼要,以减轻读者的学习负担。笔者从自身的学习和工作经历出发,把 Python 生态圈中与气象领域相关的内容梳理出来,编写出一本贴近气象工作者知识背景和应用需求的教材。本书的内容主要分为三个部分:第一部分(第 1～3 章)主要介绍气象应用中必须掌握的基本 Python 语法。这部分内容充分考虑了大部分气象工作者所具有的 C 或 Fortran 语言基础,讲解过程重点强调 Python 与这些编程语言的异同。第二部分(第 4～6 章)主要介绍 Python 语言与科学计算相关的核心功能,熟悉这部分内容是在科研和业务工作中灵活应用 Python 的关键。最后一部分(第 7～9 章)内容重点介绍气象领域内的一些特定 Python 工具。读者在熟悉本书内容之后,即能解决日常工作中绝大部分资料分析、绘图和应用开发等常见编程问题。

本书的撰写和出版得到了成都信息工程大学、南京大学和河海大学的大力支持。特别感谢科技部国家重点研发计划（2018YFC1506103，2016YFA0600701）对本书的联合资助。全书初稿由唐晓文完成，朱坚、黄丹青和刘高平对气象应用部分做了重要增补。成都信息工程大学的郑佳玥、李冰村对全书终稿和代码进行了校对。由于编者们的经历和水平有限，书中难免挂一漏万，还望专家和同行指正。

本书在表述上采取如下规则。

粗体字（Bold）
用来表示新引入的术语、强调的要点以及关键短语。

等宽字（Constrant Width）
用来表示这些信息：程序代码、命令和代码输出结果等。并使用>和>>>分别表示终端命令行和 Python 解释器输入提示符。

等宽斜体（Constant Width Italic）
用来表示必须根据用户环境替换的代码内容。

唐晓文

2020 年 5 月 20 日

目　录

第 1 章　Python 入门

1.1　Python 简介

　　Python 语言是荷兰数学家吉多·范罗苏姆(Guido van Rossum)在 1989 年圣诞节期间, 为打发时间而开发的一种新脚本语言。虽然很多 Python 相关书籍都以各种蟒蛇作为封面, 但 Python 语言名字的由来与蛇并无关系。选择 Python 作为新语言的名字是因为 Guido 本人是当时热播的 BBC 情景喜剧"蒙提·派森的飞行马戏团"(Monty Python's Flying Circus) 的爱好者。由于之前设计 ABC 程序语言失败的教训,Guido 决心将 Python 设计成为一门"优雅""明确""简单"的编程语言。

　　直到 2000 年正式发布 2.0 版,Python 语言的使用率相对而言依然很低。虽然 Python 作为一门新编程语言具有很多的优点,但是在实际应用中比其他脚本语言并无决定性优势。相反,由于 Python 对于明确和简单等语言特性的执着追求,相同功能的 Python 程序所需书写的代码量比其他脚本语言更多。这对于已经熟悉其他脚本语言的编程者而言,反而显得累赘。从图 1-1 所示的常用编程语言使用率的时间变化图可以看出,在 2005 年左右 Python 语言的使用率开始大幅上升,其主要原因是以 NumPy、SciPy 和 Matplotlib 为基础的 Python 科学计

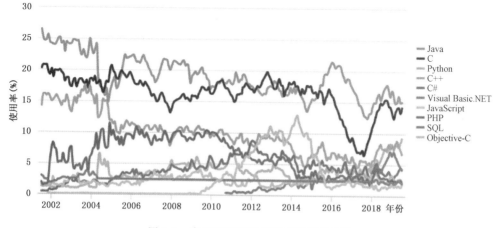

图 1-1　常用编程语言使用率时间变化图
(图例按最终使用率排序)

算框架的出现。这三个 Python 语言扩展库在科学计算和绘图方面的功能可以替代传统科学计算软件 Matlab 的绝大部分功能。正是因为这三个核心扩展库的出现，Python 从众多脚本语言中脱颖而出，成为科学计算领域最受欢迎的开源工具。

2018 年以来，Python 语言的使用率又迎来一次快速增长，一跃成为世界范围内排名前三的编程语言。这与近几年机器学习，特别是深度学习的广泛应用密切相关。Python 语言的流行除了与其简明、易学的特征密切相关以外，功能强大、简单易用的扩展库的存在是更为根本的原因。除了在机器学习领域（以及其他理工学科）的广泛应用，Python 语言在气象领域的应用也逐渐增多。从 2011 年第 91 届美国气象学会（AMS）年会开始，每年都会举办针对 Python 语言在气象中应用的专场讨论会。同样的，美国地球物理学会（AGU）最近几年开始也在其学术年会中举办 Python 专场讨论会。2019 年 2 月，美国国家大气研究中心（NCAR）决定停止气象数据分析和绘图工具 NCL 的开发，NCL 现有的绘图和资料分析功能都将移植到 Python 语言。除了 NCL 这一主流气象资料分析工具开始向 Python 转移之外，其实多年前基于 Python 语言的气象工具就已不断地出现、发展和成熟，如与 GrADS 绘图工具对应的 PyGrADS，MetPy、netCDF4-python、wrf-python 等扩展库都已逐渐发展成熟。因此，在气象科研和业务等工作中掌握和运用 Python 语言已是大势所趋。

1.2　Python 语言特征

Python 语言的官方网站这样描述其主要特征："Python 是一门解释性的（interpreted）、交互式的（interactive）、面向对象（object-oriented）的动态（dynamic）编程语言"。对于没有动态编程语言使用经验的读者，有必要深入理解 Python 语言以上几个主要特征。

· 解释性：Python 语言编写的程序，在运行之前没有代码编译的步骤，由 Python 解释器（Python Virtual Machine，PVM）直接运行并返回运行结果。

· 交互式：Python 语言编写的程序，可以以整个源程序文件为单位运行，也可以以行为单位逐行执行。逐行执行 Python 代码时可实时查看已运行代码的结果。

· 面向对象：Python 支持面向过程和面向对象两种编程模式，支持创建自定义数据类型及其相应操作。

· 动态性：与气象科研和业务中其他常用编程语言（C/C++，Fortran）相比，Python 最重要的特性是其"动态性"，即 Python 程序的变量名没有类型的概念。变量名表示的数据类型及其可能操作在程序运行过程中是动态变化的。动态性是具有静态语言学习和使用背景的 Python 初学者最不易理解的概念，在本书后续章节中将会重点介绍这些相关概念。

1.2.1　Python 与脚本语言

Python 语言通常被认为是脚本语言（Script Language）的一种。脚本语言通常指用于自动化执行某些计算机操作的解释性语言。Linux 环境下常用的 Shell（如 bash，tcsh，csh）、

Perl 和 Ruby 等都是脚本语言。Python 与这些常用脚本语言的主要区别是：Python 语言最初即按照通用(general purpose)语言进行设计，而其他脚本语言通常是为某种特定使用环境而设计。例如，各种 Shell 脚本语言主要用于与 Linux 内核交互以完成各种系统管理功能，Perl 主要用于文本文件的处理。Python 语言可以实现以上传统脚本语言类似的功能，且同时具备开发大型软件项目的能力。Python 语言已被广泛地应用于以下开发领域，括号内列举了对应领域的主要扩展库。

- 系统脚本程序(os，sys)。
- 桌面应用程序(QT，Wxwidget，MFC)。
- 网络应用程序(flask，urllib)。
- 数据库开发 (sqlalchemy)。
- 数值和科学计算(NumPy，Scipy，Matplotlib，Pandas)。

Python 语言的广泛应用与其强大丰富的标准库和第三方扩展库密切相关。Python 标准库是 Python 语言自带的功能包，其优点是在正确安装 Python 运行环境之后即可使用。且在不同的计算机操作系统中功能完全一致，非常有利于程序跨平台运行。第三方扩展库是针对特定应用领域、由自由软件开发者编写的 Python 功能包。第三方扩展库的安装方法与扩展库本身的代码构成密切相关，本书后续章节将详细介绍部分常用扩展库的安装方法。

1. 2. 2　Python 与静态语言

Python 语言的动态性和解释性是其与气象常用的静态语言[①]的主要区别。编写静态语言程序通常需要先进行全盘的考虑，包括定义哪些变量、确定每种变量的类型等。程序编写完成之后需要确保整个程序无任何语法错误才能完成编译并运行。运行过程中需要进行测试并剔除程序的逻辑错误。这种开发方式适合于程序需完成的功能及其实现步骤都较为明确的情况。如果程序拟实现的功能是试探性的，使用动态语言的优势就更为明显。假设读者当前的任务是以图形的方式反映一组数据的统计特征，但由于在编写代码之前并不确定数据的统计特征是什么，因此无法提前拟定分析步骤和绘图类型。这种情况下使用 Python 语言动态的特性，在编写运行代码过程中逐步确定下一步需实现的目标，更符合实际工作的逻辑。动态性和解释性使得 Python 语言特别适合快速原型开发，即快速试验某一想法或设计是否可行，而不必在程序整体的规划和实现上浪费时间。

动态性和解释性在提高开发效率的同时，也给 Python 程序的运行效率带来了负面影响。首先，即使对于一个正确的 Python 程序，每次运行之前仍需经过逐行解释的步骤，这将消耗部分的程序运行时间。而静态语言的编译工作仅需完成一次，执行程序时直接调用之前已编译的机器代码。其次，Python 语言的动态性为访问变量增加了额外的负担。假设 Python 程

---

① 气象科研和业务中常用的静态语言包括 C/C＋＋和 Fortran，以后的章节中提及静态语言时，如无特殊说明都泛指这三种计算机编程语言。

序某行代码需要访问变量 a，由于变量 a 是动态的，Python 程序需要通过某种机制来确定 a 所表示的数据类型（例如 a 到底是数字还是字符串）及其支持的操作。后面的章节将会重点介绍，在 Python 语言中所有的数据都以对象表示。这里不妨先将对象理解为静态语言中的结构体，这个结构体包含不同的字段以存放对象的类型、实际数据和操作等信息。Python 程序执行过程中，依靠这一结构体确定当前对象的类型及其可能的操作，这一过程通常称为对象解包（unboxing）。即便两个整数相加这样的简单操作，也需要进行多次解包（unboxing）的操作。当程序包含多重嵌套循环时，解包操作可能显著降低 Python 代码的运行速度。

对于希望使用 Python 语言作为主要数据分析工具的读者，通常会关心（或者担心）Python 程序运行速度的问题。读者可从互联网上找到大量 Python 程序比功能相同的静态语言程序运行速度慢 100 倍以上的例子。这些例子通常是一些简单计算的多层嵌套循环，是体现 Python 语言运行效率最糟糕的场景。虽然以上的情况客观存在，但从笔者多年使用 Python 语言的经验来看，读者不必担心 Python 程序在实际应用中的运行效率。首先，对于绝大多数探索性的编程任务，开发者构思程序的时间远远超过了程序运行的时间。例如，对于相同的任务，使用 Python 语言可以一小时完成代码编写，程序运行需要一分钟，而静态语言需要四小时完成编写，程序运行需要一秒钟。虽然静态语言程序的运行效率是 Python 的 60 倍，但从总体效率而言，Python 比静态语言快了近四倍。其次，当 Python 程序必须使用多重嵌套这样执行效率低的代码结构时，可以通过其他工具将这部分代码改写成执行效率高的编译扩展库。

实际应用中 Python 程序的执行时间遵循所谓的"帕累托法则"，即 20% 的代码占用了 80% 的程序运行时间。合理利用 Python 快速开发的特征以及将部分代码转换为编译代码的功能，可在总体上显著提高 Python 解决实际问题的效率。

1.3 Python 安装与使用

1.3.1 Python 语言与 Python 解释器

在安装和使用 Python 之前，有必要理解 Python 语言和 Python 解释器的差别。Python 语言本身只是一组数据结构、语法和代码编写的规则。实际执行按这些规则编写的 Python 代码的程序称为 Python 解释器。换而言之，Python 语言只用于定义 Python 程序编写和运行的规则，而 Python 解释器是具体执行 Python 代码的实体。Python 解释器本身也是一个计算机程序，通常使用其他编程语言实现。目前常用的 Python 解释器包括：CPython、Jython、IronPython、PyPy，它们分别由 C、Java、C♯ 和 Python 语言编写。其中 CPython 是 Python 语言官方开发和维护的解释器，它的更新与 Python 语言新特性的更新同步。本书后面内容在无特殊说明的情况下，都使用 CPython 作为默认的解释器。不同的 Python 解释器可以与静态语言（如 C 语言）的编译器类比。按照 C 语言语法规则编写的程序可以使用 GCC、intel 和 PGI 等编译器编译为可执行程序。虽然不同编译器得到的可执行程序不完全相同，但理论上程序运行的结果应是一致的。不同的 Python 解释器就类似于不同的编译器,它们通过不同的方式执行相同的 Python 代码,并得到相同的运行结果。

CPython 是开放源代码的软件项目。Python 运行环境的搭建通常包含安装 CPython 程序和第三方扩展库两个部分。由于很多第三方扩展库包含 C/C++ 和 Fortran 等静态语言编写的代码,需要编译后才能使用,因此第三方扩展库的安装需要考虑 CPython 解释器版本的差异。目前 CPython 官方发行版中包含两个大的版本分支,即 2.x 和 3.x 版。其中 2.x 版本已经停止功能更新,新版本仅用于修正已有的问题。目前仍有部分 Linux 发行版以 2.6 或 2.7 版本的 CPython 作为系统默认的 Python 解释器。CPython 开发团队已在 2020 年 1 月停止对 2.x 版本的支持,因此强烈建议初学者使用 3.x(建议 3.6 以上)版的 CPython 来学习 Python 语言。2.x 和 3.x 版本的 Python 存在部分不兼容的语法,因此在使用他人提供的源程序时,或在新安装计算机上使用 Python 时,需要首先确定系统安装 Python 的版本号。

1.3.2　安装 Python

CPython 和扩展库的安装既可以采用手动下载、编译源代码的方式,也可以使用第三方提供的预编译的安装包。如果选择手动安装 CPython 和扩展库,需要设置多种 CPython 依赖的库文件。由于相关设置与使用的操作系统密切相关,因此不建议初学者采取这种方式搭建 Python 运行环境。特别是对于 Windows 平台,由于缺乏方便的跨语言编译器以及多种开源库文件,建议通过安装第三方提供的预编译安装包的方式搭建 Python 运行环境。下面针对三种主流操作系统,分别介绍如何安装和配置 Python 运行环境。

Windows 操作系统

Windows 平台下常用的第三方 Python 安装程序包括:WinPython,Canopy 和 Anaconda。就本书涉及的内容而言,以上安装包之间并无本质的优劣之分,仅是集成了不同版本的 CPython 解释器、扩展库和辅助开发工具。读者可通过不同安装程序的官方网站进一步了解其详细信息,并选择符合自己使用习惯的版本。本书将以最新版本的 Anaconda 为例介绍如何在 Windows 环境下安装和配置 Python 运行环境。Anaconda 是目前较为流行的 Python 安装程序,其自带的命令行工具 conda 极大地简化了 Python 扩展库的管理。用户不必担心因为安装或者升级部分扩展库而破坏其他扩展库的正常使用。

首先从官方网站 www.anaconda.com 下载最新版本的 Anaconda 安装程序(本书出版时官网提供的 Anaconda 版本为 2020.08,其包含的 CPython 版本为 3.8)。下载完成后启动 Anaconda 的安装程序,注意选择的安装路径不要包含空格或中文字符,然后按照标准 Windows 安装程序的操作步骤直接点击下一步按钮,直到完成安装。安装结束后系统开始菜单中将出现如图 1-2 所示的新菜单项,该菜单项包含如下 6 个子菜单项。

(1)Anaconda Navigator:图形窗口界面的扩展库管理程序,用于更新 Anaconda 集成的工具和 Python 扩展库。

(2)Anaconda Powershell Prompt:启动包含 Python 环境变量的 Powershell 命令行

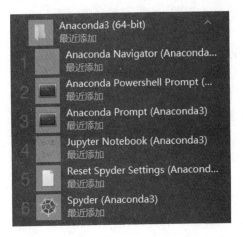

图 1-2　Anaconda 安装之后添加的开始菜单项

界面。

（3）Anaconda Prompt：启动包含 Python 环境变量的普通命令行界面。

（4）Jupyter Notebook：启动基于服务器/客户端构架的 Python 代码运行界面。这种模式下除了可以编写普通 Python 代码外，还支持插入标记语言和图片，特别适合制作交互式的报告。

（5）Reset Spyder Setting：用于重置 Spyder 集成开发环境（见下一条）的设置。

（6）Spyder：与 Matlab 界面类似的 Python 集成开发环境，对于熟悉 Matlab 的用户较为方便。

Linux 操作系统

各大主流 Linux 发行版本（如 Ubuntu、Centos、Redhat 和 Suse 等）都自带软件包管理器，以解决应用程序与不同版本系统库之间的依赖关系。因此，在 Linux 操作系统中建议使用系统自带的包管理器来安装 Python 解释器。下面以目前主流的 Ubuntu18.04LTS 版本为例，简要介绍 Linux 环境下的 Python 的安装过程（安装过程假设用户具有管理员权限）。

```
> sudo apt-get update
> sudo apt-get install python3 python3-pip
```

安装完成 Python3 以后，即可使用 Python 扩展库管理程序 pip3 继续安装其他扩展库。例如：

```
> sudo pip3 install numpy scipy matplotlib pandas
```

MacOS 操作系统

MacOS 操作系统自带的开发环境 xcode 仅包含 C 和 C++ 编译器，并且缺乏编译 CPython 所需的部分库文件，因此不建议手动编译 CPython。MacOS 操作系统中管理开源库和软件的最佳方式是使用 Homebrew（https://brew.sh）。Homebrew 是 MacOS 操作系统中用于管理开源软件和程序的专用工具，它解决了 MacOS 系统中安装各种开源软件的版本依赖问题。用户只需指定安装软件包的名称,Homebrew 将自动确定并完成依赖库和软件包的安装。Homebrew 的安装过程非常简单,登录官方网页后将首页提供的安装命令粘贴到命令行窗口(Terminal)并回车,待命令行程序运行结束即完成 Homebrew 的安装。

安装完成 Homebrew 之后,即可在命令行界面下使用 brew 命令安装各种开源软件。输入以下命令可安装最新版的 CPython。

```
> brew install python
```

以上命令将同时安装 Python 自带的包管理器 pip3,使用 pip3 可以继续安装各种 Python 扩展库。例如,以下代码将安装 Python 科学计算以及气象数据分析中常用的扩展库:

```
> pip3 install numpy scipy matplotlib
> pip3 install pandas xarray
> pip3 install netcdf4-python h5py wrf-python
```

1.3.3　运行 Python 程序

实际编写和运行 Python 程序的方式很多,但在底层 Python 程序都在命令行界面下运行。在 Linux 和 MacOSX 操作系统中,命令行界面的使用较为普遍,因此这里仅以 Windows 操作系统为例,介绍在命令行界面下运行 Python 程序的方法。

命令行窗口

点击图 1-2 中的命令 3(或者 2,界面略有不同),即可进入如图 1-3 所示的 Windows 命令行界面。注意使用命令 3 进入的命令行界面与直接使用 Windows 自带的 cmd 命令进入的命令行界面实际类似(仅提示文字略有不同)。从本质上而言,命令 3 仅在调用 cmd 命令之前设置了部分与 Python 解释器相关的环境变量,实际启动的同样是 Windows 自带的 cmd 程序。

图 1-3　Windows 命令行界面,输入提示符为"＞"

交互式运行

　　运行 Python 程序最常用的方式是交互式运行,即以行为单位输入代码并实时查看代码的运行结果。交互式运行特别适合于"探索式"的编程方式,程序编写者基于现有的结果确定下一步动作。因为交互式模式下运行的是 Python 代码,所以首先需要启动 Python 解释器。在图 1-3 所示的界面中输入以下代码并回车:

```
> python
```

　　执行成功后即进入图 1-4 所示的 Python 命令行界面。注意图 1-4 的界面与图 1-3 类似,但界面中可以执行的命令不同。图 1-3 只能使用 Windows 系统的命令,如 cd、dir 等,而图 1-4 仅能执行 Python 代码。可以通过命令行界面中的提示符来区分不同的命令行状态。Python 命令行的提示符为>>>,而 Windows 命令行的提示符为>。在 Python 命令行界面下输入如下代码并回车,即以交互式方式执行了一行 Python 代码:

```
>>> print('Hello Python')
```

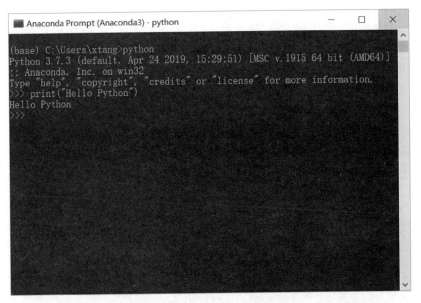

图 1-4　Python 解释器命令行界面,输入提示符为">>>"

　　这里的 print()是 Python 内置的输出函数,用于将括号内的内容以字符串的方式显示在屏幕上。以上代码使用 print 函数输出了字符串"Hello Python",注意该行代码运行结束之后,相应的字符串即显示在屏幕上。

非交互式运行

　　交互式运行 Python 代码具有很多优点,但是当需要在后台重复执行同一程序时,交互式运行并不方便。因此,对于需要重复运行的 Python 程序,通常是先将代码保存为 Python 源文件,再以源文件为单位运行。假设用户当前工作目录下有一个名为 hello.py 的 Python 源文件,通过如下命令即可运行该程序。

```
> python hello.py
```

　　注意在前面的交互式运行方式中,启动 Python 解释器时仅输入了命令 python,而这里将文件名 hello.py 作为 python 命令的参数。除了输入代码的方式不同,Python 解释器退出的方式也不一样。在非交互模式下,程序运行结束后 Python 解释器也同时退出。而在交互式运行方式中,需要用户输入 Ctrl+D 或者调用 quit() 函数才能退出 Python 解释器。上面提到的工作目录是指操作系统查找用户在命令行窗口中输入的命令和文件的默认路径。注意在输入以上命令时,并未指定 hello.py 文件的完整路径,这时操作系统将在工作目录中查找文件 hello.py。如果工作目录中找不到文件 hello.py,系统将报错提示。使用命令 cd 可改变当前工作路径。

第 2 章　基本语法

2.1　名字与对象

　　所有计算机程序的基本目的都是处理数据。在数据处理之前,需要先在计算机中表示数据。传统编程语言中变量是表示数据最基本的概念,编写程序通常就是声明变量、对变量进行赋值再对变量进行操作的过程。计算机需要处理的数据类型多样,包含基本数据类型(整数、浮点数和字符串等)、结构体和类等。变量是这些数据类型在计算机内存中的表示形式,改变变量的过程对应于修改内存的操作。因此在传统静态语言中可以认为变量和内存是等价的。

　　Python 语言也有形式上类似于静态语言中变量的语法结构,但其含义和用法却存在巨大的差别。在 Python 语言中,除了流程控制以外的语句,所有的数据和功能都以**对象**的方式存在,对象是 Python 语言中表示数据和功能的基本单元。对象不仅包含简单的数字,后面将要介绍的容器、函数、类、模块和包等语法结构都是对象。Python 程序的执行过程可以简单地比喻为“使用对象完成事情(do things with stuff)”,完成事情就是调用对象的属性和方法。在 Python 语言中,变量和表示具体数据的对象之间仅是指向(reference)关系(图 2-1),程序执行过程中变量和对象之间的指向关系可以任意变化。因此,本书中将 Python 变量称为**名字**,以突出其与静态语言中变量的区别。

　　为了更好地理解名字和变量的区别与关系,下面通过对比 3 种不同语言编写的程序片段

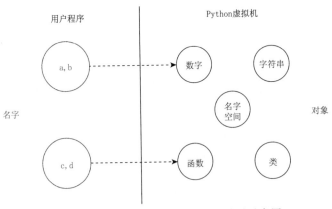

图 2-1　Python 语言中名字与对象关系示意图

来进一步说明。

- 在 C/C++ 语言中使用变量 a。

```
int a = 2;
```

- 在 Fortran 语言中使用变量 a。

```
integer a
a = 2
```

- 在 Python 语言中使用变量(名字)a。

```
a = 2
```

以上三组代码的最终结果一致,即使用符号 a 表示整数 2。除了不同语言代码书写规则的差别外,以上代码还包含三个重要的区别。

首先,在 Python 程序中将整数 2 赋值给符号 a 之前,并没有像 C 或者 Fortran 语言那样定义变量 a。前面已经提到,符号 a 是 Python 语言中的名字,而在其他两门语言里是变量。在静态语言中,变量在使用之前需要声明或者定义,而 Python 语言的名字在首次使用时由 Python 解释器在名字空间中自动创建。名字空间为存放名字的地方,后面模块和类的相关内容中将会进一步介绍名字空间的概念。从计算机底层操作来看,在 C 和 Fortran 语言中定义变量 a 的过程实际是在内存中分配一个固定的存储空间。而 Python 语言的名字并不与计算机内存对应,因此无需定义。

其次,Python 语言编写的这行代码实际包含以下三步操作:1)创建名字 a;2)创造数字对象 2;3)将名字 a 指向数字对象 2。而在 C 和 Fortran 语言中,变量 a 的赋值语句仅是将变量 a 对应的内存空间修改为数字 2 对应的二进制数。

最后,在 C/C++ 和 Fortran 语言中定义变量 a 之后,仅能改变其数值而不能改变其类型。如果在上述代码后继续编写如下的代码,编译将会报错。

- C/C++ 语言

```
a = "string";
```

- Fortran 语言

```
a = "string"
```

Python 语言中的名字 a 仅指向整数对象 2,后续代码过程中 a 可以重新指向其他对象。因此类似的操作在 Python 语言中是完全正确的语法。

```
a = 'string'
```

Python 语言中对象对应的内存由 Python 解释器管理,用户通过名字和对象之间的指向关系来间接地修改和操作对象。由于对象的内存管理由 Python 负责,因此不会出现静态语言中常见的内存访问错误,同时也为下面将要介绍的列表和字典等动态数据结构提供了基础。本章后续的内容将详细介绍 Python 语言常用的内置对象类型及其使用方法。

2.2 核心对象

Python 语言及其标准库提供了多种常用的对象类型,本节将要介绍如表 2-1 所示的 6 种核心对象,他们是 Python 程序最常用的对象类型。其中数字、字符串和文件对象在静态语言中有对应的数据类型,而其他几种容器对象是传统静态编程语言所缺乏的。下面将依次介绍每一种核心数据对象的用法。

表 2-1　Python 语言常用核心对象类型

类型	例子
数字(Number)	1, 2.5, 3+4j, 0b001, 0x22
字符串(String)	'single', "double", "trip"
列表(List)	[1, 'one', [2, 'two']]
元组(Tuple)	(1, 'one', (2, 'two'))
字典(Dictionary)	{'year': 2016, 'rain': 10.}
文件(File)	open('1.txt', 'r')

2.2.1　数字对象

Python 的数字对象主要包括如下五个类别:整数(int)、浮点数(float)、复数(complex)、固定精度浮点数(decimal)和分数(rational)。其中整数、浮点数和复数的用法与静态语言相似。固定精度的浮点数只能保存小数点后固定位数的有效数字,用于在金融行业中表示货币的数量。分数用于避免除法运算时产生的舍入误差,分数之间的运算总是返回新的分数。

Python 整数对象

Python 的整数对象使用**字面表达式**进行创建。字面表达式即日常书写数字的方式。换而言之,在 Python 代码中写入一个数字,程序运行时即会创建对应的数字对象。在计算机中整数有多种表示方法:如十进制、八进制、十六进制和二进制。因此,创建相同的整数对象也存在不同的书写形式。下面的代码演示了如何创建整数对象 16。

```
>>> 16
16

>>> 0o20
16

>>> 0x10
16
```

```
>>> 0b00010000
16
```

　　这里需要注意的是,八进制、十六进制和二进制数分别以数字 0 和字母 o、x、b 的组合作为起始标记,组合之外的部分表示实际的数值。

　　静态语言中的整数和浮点数变量按存储数据的数值范围还可细分为不同的类型。例如,整数可以细分为单字节、双字节、四字节和八字节整数,浮点数可以分为单精度和双精度两类。在 Python 语言中,整数对象对应的内存由 Python 管理,可根据对象的数值大小动态调整内存,从而可以表示任意大小的整数(仅受物理内存大小限制)。下面的代码片段计算整数 22 的 2019 次方,并显示结果的长度(整数的位数)。

```
>>> x = 22 ** 2019
>>> print('length=', len(str(x)))
length= 2711
```

　　这里对计算结果分别调用了 str 和 len 函数,他们将计算结果转换为字符串并计算字符串的字符个数(即字符串长度)。从输出结果可以看出,这是一个长度为 2711 位的整数。前面提到的静态语言常用整数变量类型都无法存储这么大的整数。

Python 浮点数对象

　　浮点数对象同样使用字面表达式来创建。除了一般的浮点数书写方式外,还可以使用科学计数法表示浮点数。以下代码演示了如何创建浮点数对象。

```
>>> 3.14
3.14

>>> 3.14e2
314.0

>>> 3.14 * 10**2
314.0
```

其他数字对象

　　字面表达式仅能创建整数和浮点数对象,其他几种数值类型对象需要使用对应的构造函数来创建。构造函数是与类(class)相关的概念,将在 3.2 节中详细介绍。由于这几种数字对象在气象资料分析和其他科学计算领域并不常用,因此这里不再详细介绍,有兴趣的读者可参阅 Python 语言的官方文档。

数学运算

Python 的数字对象支持常用的加（＋）、减（－）、乘（＊）、除（/，//）、乘方（＊＊）和取模（％）等运算，其使用规则与其他编程语言类似。以下代码演示了 Python 语言的数学运算，注意观察计算结果的数值类型。

```
>>> 1 + 2
3

>>> 3.0 - 1
2.0

>>> 2.0 * 3.0
6.0

>>> 2 ** 6
64

>>> 7 % 2
1

>>> 7 % 2.
1.0
```

以上代码的运算结果可以看出，对于加、减、乘、乘方和取模等运算，计算结果的对象类型与参与计算的对象类型相关。当参与计算的数字对象都为整数时，结果为整数；而当参与计算的数字对象包含浮点数时，结果为浮点数。

Python 语言中有两种不同的除法运算符：真除（/）和浮点除法（//）。需要特别注意的是，当参与除法运算的两个数字对象都为整数时，真除操作符（/）在 2.x 和 3.x 版本的 Python 中返回结果不同。例如，在 Python 命令行界面运行如下代码。

```
>>> 5 / 2
```

在 2.x 和 3.x 版本中将分别得到 2 和 2.5。

浮点除法在 2.x 和 3.x 版本中的计算结果一致。

```
>>> 5 // 2
2

>>> 5 // 2.
2.0
```

浮点除法返回的对象类型与其他运算符一致。当参与运算的数字对象包含浮点数时,返回的结果为浮点数,否则返回整数。注意当参与运算的数字对象包含浮点数时,其结果为取整后整数对应的浮点数

数学函数

Python 提供了丰富的科学计算数学函数。部分数学函数(即内置函数)可以直接调用,而更多的函数需要从 math 模块调用。模块的概念和使用将在 3.1 节中详细介绍,这里可以简单地理解为一系列函数的集合。常用的内置函数包括。

- int():取整。
- round():四舍五入取整。
- pow():指数函数。
- abs():取绝对值。
- bin():整数的二进制表示。

使用 math 模块中的函数需首先导入相应模块,

```
>>> import math
```

然后以 math 作为前缀并按照如下的语法调用相应数学函数。

```
>>> math.sin(30. * math.pi / 180.)
0.49999

>>> math.log10(math.e)
0.43429
```

Python 模块通常包含很多不同的常数、函数和类。在 Python 命令行界面下,可以使用内置的 help 函数查询一个模块的相关帮助信息。以下代码用于查询 math 模块的信息(注意以下代码的输出仅为实际输出的部分内容)。

```
>>> help(math)
...
FUNCTIONS
    acos(x, /)
        Return the arc cosine (measured in radians) of x.

    acosh(x, /)
        Return the inverse hyperbolic cosine of x.

    asin(x, /)
        Return the arc sine (measured in radians) of x.

    asinh(x, /)
```

```
    Return the inverse hyperbolic sine of x.

atan(x, /)
    Return the arc tangent (measured in radians) of x.
...
```

2.2.2　字符串对象

字符串处理是编程中最常见的任务之一。相对于传统的静态语言,Python 语言字符串处理的功能强大且方便。Python 语言的字符串对象具有拆分、合并、查找和替换等多种方法,大大简化了各种常用的字符串处理。另外,从 3. x 版本开始,Python 默认使用 Unicode 编码表示字符串,原生支持非英文字符。下面通过具体的例子来介绍 Python 字符串的使用。

创建字符串对象

Python 语言使用成对的单引号、双引号或三引号创建字符串对象。其中,使用单引号和双引号创建字符串等价,而三引号用于创建多行字符串(字符串可以包含换行符)。以下代码演示了多种字符串创建方式。

```
>>> s1 = 'Python'
>>> s2 = "Python"
>>> print(s1, s2)
Python Python
```

以上代码创建的两个字符串对象 s1 和 s2 完全等价。注意,创建字符串时必须使用成对的相同引号。当引号本身是字符串的一部分时,可以使用其他的引号来创建字符串。例如下面的代码。

```
>>> s3 = 'Python"'
>>> s4 = "Python'"
>>> print(s3, s4)
Python" Python'
```

三引号通常用于创建 Python 语言的文档字符串(docstring)。文档字符串是在 Python 源程序特定位置使用三引号创建的字符串,这些字符串用于对相关的代码进行注释。Python 解释器在执行 Python 代码时,会自动提取这些特殊的字符串,并将其作为相关代码单元的帮助信息提供给用户查看。前面使用 help()函数查看模块帮助信息的功能,其实质是显示模块对应的文档字符串。同样,三引号也可以用于创建与单引号和双引号等价的一般字符串。

对于一些特殊的非显示字符,如 tab 键、回车键和换行键等,需要使用以反斜杠(\)和一个字母的组合来表示,这种特殊组合字符称为转义字符。tab 键、回车键和换行键对应的转义字符分别为:'\t'、'\r'和'\n'。由于反斜杠是转义字符的开始标记,因此当显示反斜杠本身时,需要使用转义字符'\\'来表示。下面的代码演示了转义字符串的用法。

```
>>> print('Python\tis\nawesome!')
Python  is
awesome!
```

在创建字符串对象时,Python 将自动检查是否包含转义字符并进行必要的转换。如果需要阻止这种自动转换,并按照实际输入的字符来创建字符串时,可以在字符串引号前添加字母 r,这种字符串称为**原始字符串**。下面的代码演示了原始字符串的用法,注意其输出与前面代码输出的区别。

```
>>> print(r'Python\tis\nawesome!')
Python\tis\nawesome!
```

原始字符串常用于表示正则表达式和 Windows 文件路径。正则表达式用于按特定的规则进行字符串的查找和替换。正则表达式中包含多个以反斜杠(\)开头的字符匹配模式,如表示任意空格的\s、任意数值的\d 等。因此使用原始字符串可以减少字符串的个数,使得字符串表达的内容更为清晰。Windows 操作系统中使用反斜杠(\)作为路径分隔符,因此在用字符串表示 Windows 路径时,需要使用两个连续的反斜杠以获得正确的路径表示。表示 Windows 路径的更多细节将在 6.1 节中介绍。

```
>>> print(r'c:\newdir\text.bin')
c:\newdir\text.bin
>>> print('c:\newdir\text.bin') # 无效路径
c:
ewdir   ext.bin
```

字符串对象的操作

在传统静态语言中操作字符串,通常需要知道被处理字符串以及操作返回新字符的长度,以便提前分配足够的内存空间来保存操作结果。如果编写代码时考虑不充分,容易导致内存访问错误并可能导致整个程序崩溃。在 Python 语言中,字符串对应的内存由 Python 解释器动态管理,用户无需担心字符串的内存细节和访问错误。

使用内置函数 len()可获取字符串对象的长度(即字符串包含的字符数)。

```
>>> len(s1)
6
```

内置函数 len()不仅可以获取字符串对象的长度,还可以用于获取后面即将介绍的列表、元组和字典等容器类对象的长度。

Python 字符串对象支持加法(+)和乘法(*)两种算术操作。加法操作用于将多个字符串连接成一个新字符串,而乘法操作用于将字符串重复多次,具体用法可参考如下的代码示例。

```
>>> print('Python ' + 'is ' + 'awesome')
Python is awesome

>>> print('Python ' + 'is ' * 4 + 'awesome')
Python is is is is awesome
```

字符串的另一个常用操作是获取部分字符(即子字符串,substring)。在讲解子字符串的操作前,首先引入字符串的**索引(indexing)**和**切片(slicing)**两个操作的概念。索引的基本语法如下。

```
obj[n]
```

这里 obj 表示已创建的字符串对象。对象 obj 后面紧接一对中括号,中括号在 Python 语言中通常表示取值操作,这里的 n 表示一个 0 到 len(obj)−1 范围内的整数。索引操作的结果是取出整数 n 对应位置的字符。下面的代码从字符串对象 s1 中取出第 1、3 和最后一个字符。

```
>>> s1[0], s1[2], s1[-1]
('P', 't', 'n')
```

以上代码有两点需要注意的地方:第一,字符串对象第一个的索引为 0,这一规则和 C 语言的数组类似,但与 Fortran 语言不同。第二,获取字符串的最后一个元素使用负数索引−1。索引操作中使用负数索引时,实际对应的索引为 len(obj)+n,因此 n 取−1 时与索引 len(obj)−1 等价。

字符串切片操作的基本语法如下。

```
obj[n1:n2:ns]
```

切片和索引操作的区别在于,字符串对象后面的中括号内包含了由冒号分隔的三个整数。第一个整数表示开始位置的索引,第二个整数表示结束位置的索引,第三个整数表示间隔,第一和最后一个整数可以省略。当第一个参数被省略时,取默认值 0;当最后一个整数被省略时,取默认值 1。下面的代码片段演示了切片操作的用法。

```
>>> s1[0:2]        # 省略了间隔 ns
'Py'

>>> s1[:5]         # 省略了起始索引 n1 和间隔 ns
'Pytho'

>>> s1[2:]         # 省略了结束索引 n2 和间隔 ns
'thon'
```

```
>>> s1[:]                        #  省略了全部参数
'Python'
```

除了索引和切片操作,Python 字符串对象还包含很多字符串处理方法。这些方法的具体信息可使用 help() 函数查询,下面仅简单介绍最常用的几个方法。

- find 方法:用于查询字符串中是否存在其他子字符串。例如,下面的代码在字符串 'Python'中查找是否存在字符串 'on'。

```
>>> s1.find('on')
4
```

如果查找到对应的子字符串,将返回该字符串在被查找字符串中第一次出现的开始位置索引,否则返回—1。

- replace 方法:用于将字符串的一个部分替换为另一个字符串。例如,下面的代码将字符串 'Python'中的 'thon'替换为 'Py'。

```
>>> s1.replace('thon', 'Py')
'PyPy'
```

- split 方法:以某一字符作为分隔符,将字符串拆分为包含多个字符串的列表对象。例如,下面的代码以逗号 ','作为分隔符,将字符串 s1 拆分为两个部分。

```
>>> s5 = 'Python, Language'
>>> s5.split(',')
['Python', ' Language']
```

- strip 方法:将字符串开头和结尾部分的空格清除。例如,下面的代码将得到字符串 'Python'。

```
>>> s6 = ' Python '      #  注意字符串前后的空格
>>> s6.strip()
'Python'
```

格式化字符串

格式化字符串是指将对象表示为特定格式字符串的过程。前面使用 print() 函数在 Python 命令行界面显示数字对象时,显示格式由 Python 自动决定。如果需要按某种特定的格式显示数字对象,就需要进行字符串格式化操作。Python 语言提供了三种格式化字符串的方法,第一种方法的基本语法为。

```
'%d, %f,...' % (v1, v2,...)
```

这种语法由百分比号(%)分隔的两个部分组成。前面部分是一个由逗号分隔的字符串,后面部分是括号包含的以逗号分隔的多个对象。前后两个部分中,逗号分隔的元素个数相等且一一对应。前面部分字符串中的%d、%f 是格式化符,分别表示后面部分括号内的对应对象的显示格式。当格式化单个对象时,后面部分的括号可以省略。

这里的格式符%d、%f分别表示以整数和浮点数的方式显示对象。如需对整数的显示格式进行更加精确的控制,可以使用如下语法的格式符。

```
%0nd
```

以上格式符增加了 0n 两个字符,其中 n 表示输出整数的字符宽度,0 表示当实际整数的宽度小于格式符指定的宽度时,不足的位置填补数字 0。下面的代码片段展示了整数格式化符的用法。

```
>>> print('%d' % 22)
22

>>> print('%5d' % 22)
   22

>>> print('%05d' % 22)
00022
```

除了格式符%f,浮点数常用的格式符还包括%e、%g。另外,字符串对象对应的格式符为%s。更多格式符及其详细用法请参阅附录 A 表 A—1 第一行。

第二种格式化字符串的方式是调用字符串的 format 方法,具体的语法为。

```
'{:d}, {:f}, ...'.format(v1, v2, ...)
```

这里字符串的大括号包含的部分为格式符。每组大括号为一个格式符单元,由冒号分隔的两个部分组成。冒号前面的部分称为参数匹配符,用于与 format()函数的参数对应。这种对应关系可以按参数的位置和名称两种方式进行,下面的代码演示了按位置匹配并格式化数字对象。

```
>>> print('{:d},{:d}'.format(3, 4))
3,4

>>> print('{1:d},{0:d}'.format(3, 4))
4,3

>>> print('{1:d},{1:d}'.format(3, 4))
4,4
```

按位置匹配时,大括号内冒号前面为一整数 n,该格式符用于格式化 format()函数的第 n 个参数。当省略这一整数时,将按照格式符出现的顺序从 0 开始依次匹配。因此,以上代码片段的第一行与下面的代码等价。

```
>>> print('{0:d},{1:d}'.format(3,4))
```

```
3,4
```

以上第二行代码演示了如何按照用户指定的顺序格式化 format() 函数的参数。第三行代码说明可以重复格式化同一个位置的对象,且可以忽略 format() 函数的部分参数。

当使用名字进行匹配时,调用 format() 函数时需要使用关键字参数。不同函数参数类型以及调用方式将在 2.4.3 节中详细介绍,这里仅须熟悉对应的语法即可。下面的代码演示了如何通过匹配参数名来格式化字符串。

```
>>> print('{v0:d},{v1:d}'.format(v0=3, v1=4))
3,4

>>> print('{v0:d},{v1:d}'.format(v1=4, v0=3))
3,4

>>> print('{v1:d},{v1:d}'.format(v0=3, v1=4))
4,4
```

从前两行代码的输出可以看出,这种方式进行匹配时与 format 参数出现的顺序无关。

Python3.6 版本中引入了第三种字符串格式化方法,即所谓的"f 字符串"。前面介绍的两种格式化方法的格式化对象和格式化符出现在同一条语句中,而这里介绍的第三种方式可以格式化当前名字空间中任意名字对应的对象。以下代码演示了"f 字符串"的用法。

```
>>> v0 = 3
>>> v1 = 'Python'
>>> print(f'{v1} is {v0}')
'Python is 3'
```

除了以上这种简单的名字替换之外,"f 字符串"中的大括号实际支持在当前上下文中任意有效的 Python 表达式。

```
>>> print(f'{v1} is {3 * v0}')
'Python is 9'
```

因为这里的 3 * v0 是合法的表达式,所以实际输出的是该表达式的计算结果。

字符串转换为数字

从外部文件中读取的数字通常以字符串表示,对于这种完全由数字构成的字符串,可以使用 Python 内置函数强制转换为相应的数字。

```
>>> float('3.14')
3.14
```

```
>>> float('3')
3.0

>>> int('3')
3

>>> int('3.14')  # 不能将浮点数组成的字符串直接转换为整数
ValueError: invalid literal for int() with base 10: '3.14'
```

2.2.3　列表对象

前面介绍的数字和字符串属于基本对象,本节开始将要介绍的四种对象称为容器对象。数字和字符串对象用于表示具体的数据,而容器对象则用于存放其他数据。本节将介绍的列表(list)对象与静态语言中的数组类似,都可以存放多个元素,并以整数索引获取特定位置的元素。列表对象可以存放任意类型的 Python 对象,且长度可以动态变化,因此比静态语言的数组更为灵活。

创建列表对象

使用列表之前需要首先创建相应的对象。创建列表对象主要有两种方式,第一种方式使用方括号包围的多个元素创建,元素间以逗号分隔。

```
>>> l1 = [1, 's1', ['s2', 3]]
```

以上代码创建了一个包含三个元素的列表对象 l1,注意第三个元素是包含两个元素的列表,这种以列表作为元素的列表对象称为嵌套列表。

创建列表对象的第二种方法是使用列表对象的构造函数 list(),该函数可将其他**可迭代**的对象强制转换为列表对象。构造函数和可迭代的概念将分别在后续章节中详细介绍。前面介绍的字符串是可迭代对象之一,下面的代码将字符串对象转化为列表对象。

```
>>> s1 = 'Python'
>>> l2 = list(s1)
>>> print(l2)
['P', 'y', 't', 'h', 'o', 'n']
```

注意虽然这里的 s1 和 l2 对象包含相同的字符,但是由于对象的类型不同,两者的使用存在本质的差异。

列表对象操作

列表对象支持与字符串对象类似的操作,包括加法(+)、乘法(＊)、列表长度(len)、以及索引和切片操作。下面的代码演示了列表的各种常用操作。

```
>>> [1, 2] + [3, 4]
```

```
[1, 2, 3, 4]
>>> [1, 2] * 4
[1, 2, 1, 2, 1, 2, 1, 2]
>>> len([1, 2, 3, 4])
4

>>> L2 = [1, 'a', [2, 'b']]
>>> L2[1], L2[2][1]
('a', 'b')

>>> L2[0:2], L2[1:]
([1, 'a'], ['a', [2, 'b']])
```

列表对象方法

列表对象提供了多种添加和删除元素的方法,下面详细介绍几个常用的方法。

- append(obj)方法:在列表末尾添加新的元素 obj。
- insert(n,obj)方法:在列表索引值为 n 的元素后面添加新元素 obj。
- extend(new_list)方法:将 new_list 添加到列表的末尾。这里需要注意 append()方法和 extend()方法参数的差异。
- pop(n)方法:删除列表索引值为 n 的元素。
- remove(val)方法:删除值为 val 的列表元素。

```
>>> L2.append(5.5)
>>> print(L2)
[1, 'a', [2, 'b'], 5.5]

>>> L2.extend([6., 7.])
>>> print(L2)
[1, 'a', [2, 'b'], 5.5, 6.0, 7.0]

>>> L2.insert(1, 2.0)
>>> print(L2)
[1, 2.0, 'a', [2, 'b'], 5.5, 6.0, 7.0]

>>> L2.pop(2)
>>> print(L2)
[1, 2.0, [2, 'b'], 5.5, 6.0, 7.0]

>>> L2.remove(5.5)
```

```
>>> print(L2)
[1, 2.0, [2, 'b'], 6.0, 7.0]
```

序列和可修改性

从前面的介绍可以看出,字符串和列表对象包含类似的操作。例如对于如下字符串对象 S 和列表对象 L。

```
>>> S = 'string'
>>> L = ['s', 't', 'r', 'i', 'n', 'g']
```

可以使用相同的索引和切片操作。

```
>>> S[2], L[2]
('r', 'r')

>>> S[:2], L[:2]
('st', ['s', 't'])
```

除字符串和列表以外,下面将要介绍的元组(Tuple)和 NumPy 数组等都属于序列对象。序列的具体定义为:其元素按位置顺序排列,支持按位置的索引和切片等操作。注意序列并非是一种具体的对象,而是对象支持的功能和用法。这种不同对象支持相同功能和用法的概念与 Java 语言中的接口(interface)类似,即对象的具体实现可能不同,但支持相同功能和操作。

按元素是否可以被修改,序列对象可分为可修改(mutable)和不可修改(immutable)两类。以上提到的常见序列对象中,列表和 NumPy 数组是可修改序列,而字符串和元组对象是不可修改序列。下面的代码试图将前面创建的字符串对象 S 和列表对象 L 的首个元素修改为大写字母。这对于列表对象是合法的,而对于字符串是非法的。

```
>>> L[0] = 'S'
>>> S[0] = 'S'
TypeError: 'str' object does not support item assignment
```

2.2.4　元组对象

列表对象在创建之后可以通过索引和切片操作修改其元素,本节将介绍的元组(Tuple)对象可以简单地理解为不可修改的列表,即元组对象创建之后仅可以通过索引和切片操作取值,不能修改其包含的元素。除了不可修改的特性之外,元组的其他操作与列表对象类似。

创建元组对象

创建元组对象也有两种主要的方式。第一种方式使用小括号,小括号中包含多个以逗号分隔的元素,如以下代码片段所示。

```
>>> T1 = (1, 'a', [2, 'b'])
```

　　由于小括号在 Python 语言中同时作为函数调用和算术优先级操作符,因此在创建仅包含单个元素的元组时,仍须在唯一元素后面添加逗号。

```
>>> T2 = (1,)
```

　　创建元组对象的第二种方式是使用构造函数 tuple( )将其他序列对象强制转换为元组对象。下面的代码将字符串对象转换为元组对象。

```
>>> s1 = 'Python'
>>> T3 = tuple(s1)
>>> print(T3)
('P', 'y', 't', 'h', 'o', 'n')
```

元组对象的操作

　　元组对象支持与列表对象相似的获取长度、索引和切片操作,具体语法可参考列表和字符串对象部分的介绍。由于元组对象是不可修改序列,因此没有修改元素的方法。

```
>>> len(T3)
6

>>> T3[1]
'y'

>>> T3[:5]
('P', 'y', 't', 'h', 'o')

>>> T1 + T2
(1, 'a', [2, 'b'], 1)

>>> T2 * 3
(1, 1, 1)
```

2.2.5　字典对象

　　字典对象也是存放其他对象的容器对象,但与前面介绍的序列有较大差别。字典对象属于映射(mapping)对象,元素没有顺序和相对位置的概念,不支持按位置的索引和切片操作。字典对象的元素由成对的键(key)和值(Value)组成,值(Value)表示用户存放的数据,键(key)作为存取对应值的标签。

创建字典对象

　　创建字典对象有两种常见方式。第一种方式使用大括号,其具体的语法如下。

```
{key1: value1, key2: value2, ...}
```

大括号内以逗号分隔的部分为字典的元素,每个元素由冒号分隔的两个部分构成,冒号前后分别为元素的键和值。

字典对象创建的第二种方式是使用其构造函数 dict(),有如下两种调用形式。

```
dict(key1= value1, key2= value2,...)
dict([(key1, value1), (key2, value2),...])
```

第一种形式使用了构造函数的关键字参数,其中每个参数名和对应参数值分别作为字典新元素的键和值。第二种形式的构造函数接受一个列表对象,列表对象包含多个元组。每个元组包含两个元素,分别对应新字典元素的键和值。以下是创建字典对象的具体例子。

```
>>> D1 = {'apple': 8, 'orange': 9, 'banana': 9.5}
>>> D2 = dict(apple=8, orange=9, banana=9.5)
>>> D3 = dict([('apple', 8), ('orange', 9), ('banana', 9.5)])
>>> D4 = {'L1':[1, 2], 2: 'string'}
```

从字典对象 D4 的创建过程可以看出,字典不同元素的键和值可以是不同类型的对象,这为字典的操作带来了灵活性。

字典对象的操作

字典对象的主要操作包括取值和修改元素。取值操作同样使用方括号操作符。

```
>>> D2['apple']
8

>>> D4['L1']
[1, 2]
```

作为字典键和值的对象并无本质区别,都可以是任意的 Python 对象。但从概念上而言,字典的键通常作为标签来标记数据,而字典的值用于存储数据信息。

字典对象属于可修改容器,因此将取值操作符放在等号"="(赋值操作符)左侧即可修改某一元素。

```
>>> D4['L1'] = [1, 2, 3]
>>> D4
{'L1':[1, 2, 3], 2: 'string'}
```

字典对象方法

字典对象最常用的两个方法是 update()与 pop(),分别实现合并与删除元素的功能。合并是指将两个字典的内容合并为一个字典,具体的语法如下。

```
>>> D5 = {'apple': 8.5, 'pear': 7}
>>> D3.update(D5)
>>> D3
{'apple': 8.5, 'orange': 9, 'banana': 9.5, 'pear': 7}
```

这里的 D3 和 D5 分别称为原字典和新字典。合并的结果是新字典的元素被添加到原字典中。如果新字典和原字典包含相同的键,原字典对应的值将被更新为新字典的值,如上例中的键 'apple',其原值 8 被更新为 8.5。

删除字典对象元素使用 pop() 方法,该方法的参数为字典元素的键。在删除元素的同时将返回键对应的值。

```
>>> D3.pop('pear')
7

>>> D3
{'apple': 8.5, 'orange': 9, 'banana': 9.5}
```

2.2.6　文件对象

在 Python 语言中,打开的磁盘文件对应于文件对象。文件的读写操作通过调用文件对象的方法来实现。创建 Python 文件对象使用内置的 open() 函数,其原型如下。

```
fobj = open(filename, mode)
```

其中 filename 为文件路径对应的字符串,mode 为文件打开方式的字符串。mode 的值可取如下几种情况。

- 'r'、'w'、'a':文本模式下读取、写入和添加。
- 'rb'、'wb'、'ab':二进制模式下读取、写入和添加。

从文件的打开方式可以看出,文件的读写操作分为文本和二进制文件两类,下面分别具体介绍这两类文件的读写操作。

读写文本文件

文件对象包含两个读取文本文件的方法,如下所示。

```
line = fobj.readline()
lines = fobj.readlines()
```

文本文件的读写以行作为基本单位,其中 readline() 方法每次读取一行,返回对应的字符串;而 readlines() 方法将整个文件读取入一个列表,列表的每个元素对应文本文件的一行。

文件对象包含两个写入文本文件的方法,如下所示。

```
fobj.write(str_obj)
fobj.writelines(list_of_str)
```

其中 write 方法和 readline 方法对应,用于写入单行字符串;writelines 和 readlines 对应,用于将字符串的列表写入文本文件。

读写二进制文件

从本章 2.1 节的介绍可知,Python 语言中所有的数据都以对象的形式出现,对象的内存细节由 Python 管理。这种完全基于对象的模型降低了编程的难度和出错的概率,但是对于如二进制文件读写这样的底层操作,却带来了一定的不便。例如,即使一个简单的整数,在 Python 语言中也被封装为数字对象,对象的内存细节对于用户而言是未知的。但在静态语言中,整数对应于内存地址上的二进制数,读取或写入二进制文件都很简单和直接。

这里需要指出的是,Python 语言中处理二进制文件的困难在于如何建立二进制数据和对象之间的联系,而非读取和写入二进制文件本身。单纯从二进制文件读写的角度而言,Python 的语法依然非常简洁。读取数据使用文件对象的 read()方法,其函数原型如下。

```
bytes = fobj.read(N)
```

其中 N 表示需读取的字节数,返回的 bytes 为一字节数组(bytearray)。相应地,写入二进制文件使用 write 方法,其函数原型如下。

```
fobj.write(bytes)
```

这里的 bytes 同样为字节数组。

对于二进制文件的读写,Python 语言提供了专用的标准库模块 struct 用于完成对象和二进制数据之间的转换,有兴趣的读者可以参阅附录 A 中表 A-1 第 2 行。尽管使用 Python 读写二进制文件不如静态语言方便,但就气象科研和业务的实际情况而言,Python 第三方扩展库中已经包含了各种常用二进制文件(如 GRIB、HDF、NetCDF 等)的读写工具包。用户仅需要调用相应的函数或方法即可完成特定二进制文件读写,无需了解相应二进制文件的存储细节。

2.3　Python 语法

Python 语言享有易学易用的美誉,这与其简洁和严谨的语法密不可分。本节将通过与气象领域中常用的静态语言对比的方式来详细介绍 Python 的语法特征。下面首先给出使用三种语言编写的功能相同的代码片段。

- C/C++语言代码片段

```
int a = 3;
int b = 0;
int i;
if(a > b){
    i = b;
    b = a;
}
printf("%d", b);
```

- Fortran 语言代码片段

```fortran
integer a, b, i
a = 3
b = 0
if(a > b) then
    i = b
  b = a
end if
print * , b
```

- Python 语言代码片段

```python
a, b = 3, 0
if a > b:
    i = b
    b = a
print(b)
```

与其他两门语言对比,Python 程序在书写和语法上有如下主要特征。

- 使用冒号(:)和一致的缩进表示复合语句。
- if 语句中的比较表达式没有括号。
- 换行符作为语句的结束符,一行表示一个语句。

以上第一项特征是 Python 与其他编程语言最显著的区别。缩进指一行代码开始位置距离行首的字符数。为了便于描述,这里将 Python 代码分为一般语句和复合语句两类。一般语句是复合语句之外的语句,通常仅由一行代码构成,并从第一列开始书写(也就是无缩进)。复合语句以特定关键字(如即将介绍的 if,while 等)和冒号开始,并采用和一般语句不同的缩进(关于 Python 复合语句的详细介绍参见 2.3.2 节)。复合语句的缩进不仅是强制的,同一复合语句的缩进必须统一,Python 以一致的代码缩进确定复合语句的结束位置。以上示例代码中,C 和 Fortran 语言对应的 if 复合语句使用了不同的缩进,这在 C 和 Fortran 语言中是合法的,但在 Python 语言中却是语法错误。关于缩进一致性的问题需要特别注意 Tab 键和空格键的区别,常用的代码编辑器将 Tab 键显示为 4 个空格,因此肉眼无法区分与 4 个空格键的差异。对于 Python 而言,4 个空格和一个 Tab 键是不同的缩进。

虽然通常情况下每行 Python 代码仅包含一个语句,但也存在一行书写多个语句或一个语句跨多行的情况。这些特殊的情况如下。

- 用分号分割的多个语句可以书写在同一行。

```python
a = 0; b = 1; print(a + b)
```

- 圆括号(),方括号[]和大括号{}内的语句可跨多行书写,无需使用续行符。

```python
L = ['Python',
'is',
'awesome']
```

```
D = {'name': 'China',
'year': 1949}
X = (1 + 2 + 3 +
4 + 5)
```

- 在行尾使用续行符\。

```
Y = 1 + 2 + 3 + \
    4 + 5
```

2.3.1　赋值语句

本章 2.1 节详细介绍了名字和对象的概念，并强调了名字和对象之间的指向关系，这种指向关系通过赋值语句建立。使用赋值语句时需要注意以下两点。

- 名字在第一次赋值时自动创建。
- 名字在使用前必须先赋值。

名字的命名需要遵循以下规则。

- 只能使用下划线、字母和数字，且开头必须是字母或下划线而不能是数字。
- 字母区分大小写。
- 避免使用表 2-2 中的 Python 保留字。

表 2-2　常用 Python 保留字

False	class	finally	is	return
None	continue	for	lambda	try
True	def	from	nolocal	while
and	del	global	not	with
as	elif	if	or	yield
assert	else	import	pass	
break	except	in	raise	

赋值语句是编程中最基本和常用的操作。Python 语言的赋值语句比气象领域中常用的静态编程语言多样，包括了基本赋值、序列展开赋值、多目标赋值和增量赋值等几种形式。

基本赋值

基本赋值语句在前面的示例代码中已出现过，其形式和其他静态语言类似。

```
name = obj
```

这里的 name 为用户指定的名字，而 obj 为 Python 对象。基本赋值建立了名字 name 和对象 obj 之间的指向关系，在后续代码中可通过名字操作相应的对象。以下代码展示了基本赋值语句的用法。

```
>>> a = 1
>>> S = 'Str'
```

```
>>> L = []
```

序列展开赋值

基本赋值语句等号左右两侧分别只有一个名字和对象,而序列展开赋值语句的等号左右两侧分别为元素个数相同的两个序列对象。以下代码演示了序列展开赋值语句的用法。

```
>>> a, b = 1, 2
>>> [a, b] = [1, 2]
>>> a, b, c = 'xyz'
>>> (a, b), c = 'xy', 'z'
```

简而言之,序列展开赋值就是将等号左侧序列的名字与右侧序列的对象一一对应并赋值。注意当等号左右两侧仅用逗号分隔时,其实质是两个元组对象之间的序列展开赋值(参见2.2.4 节元组对象的创建),因此以上示例中第一行代码等价于如下代码。

```
>>> (a, b) = (1, 2)
```

序列展开赋值要求等号左右两侧序列的元素个数必须相等,当元素个数不相等时,需要使用扩展序列展开赋值。扩展序列展开赋值的语法特征是,等号左侧的一个名字前面包含星号(*)。该名字用于收集右侧多出的 Python 对象。下面的代码示例展示了扩展序列展开赋值的几种形式。

```
>>> * a, b, c = 'wxyz'
>>> a, b, c
(['w', 'x'], 'y', 'z')

>>> a, * b, c = 'wxyz'
>>> a, b, c
('w', ['x', 'y'], 'z')

>>> a, b, * c = 'wxyz'
>>> a, b, c
('w', 'x', ['y', 'z'])

>>> a, b, c, * d = 'xyz'
>>> a, b, c, d
('x', 'y', 'z', [])
```

扩展序列展开赋值语句中名字和对象的匹配规则如下:以包含星号的名字为界,左侧的名字按照从左到右的方式与右侧序列对象的元素对应;而星号右侧的名字按照从右到左的顺序与右侧序列对象的元素对应。所有不包含星号的名字匹配完成之后,再将右侧剩下的元素赋值给带星号的名字。

多目标赋值

多目标赋值语句可将一个对象同时赋值给多个不同的名字。下面的代码将数字对象 2 同时赋值给了名字 a,b。

```
>>> a = b = 2
```

增量赋值

增量赋值语句是基本赋值语句的一种简化书写方式,在 C 语言中有类似的语言结构。下面的代码演示了增量赋值语句。

```
>>> a = 1
>>> a += 1
```

这里的第二句代码与 a ＝ a ＋ 1 等价,即让名字 a 指向的对象数值增加 1。除了加法之外,增量赋值对减法、乘法和除法同样适用。

```
>>> a -= 1
>>> a *= 2
```

2.3.2　选择语句

if 语句

计算机程序在运行过程中,经常需要根据一定的条件来执行不同的操作,这就需要用到 if 语句。if 语句是一种复合语句,它的一般形式为。

```
if test1:
    statement block1
elif test2:
    statement block2
else:
    statement block3
```

其中 elif 和 else 语句是可选的。elif 可以出现多次,else 只能出现一次。test1 和 test2 分别为两个逻辑表达式。

if 是本书正式介绍的第一个复合语句,这里重复一下复合语句的书写规则:复合语句的子语句以冒号作为开始标记,冒号之后的所有子语句需保持一致的缩进,复合语句结束时,只需恢复到上一级的缩进级别即可。

```
>>> if 2 > 1:
>>>     print('True')
True

>>> x = 6
>>> if x > 10:
>>>     print('x> 10')
>>> elif x > 5:
```

```
>>>     print('x between 6 and 10')
>>> else:
>>>     print('x<6')
x between 6 and 10
```

逻辑值和逻辑操作

if 语句中 if 和 elif 关键字后跟一个逻辑表达式。逻辑表达式返回"真"或"假"两种状态,在 Python 语言中分别对应 True 和 False 两个保留字。逻辑值和逻辑判断是编程中最常见的概念之一,由于传统静态语言仅使用基本的数据类型,因此逻辑表达式的真假状态易于理解,例如比较两个数字的大小。由于 Python 语言中所有数据都是对象,其逻辑判断的形式和结果比传统静态语言复杂。对于简单的数字和字符串对象,逻辑判断的结果与传统静态语言一致。除此之外,每种 Python 对象都有对应的真假状态。下面列举了 Python 语言中常用的逻辑状态和逻辑操作。

逻辑状态

- 比较操作(>, >=, <, <=, ==, ! =)返回 True 和 False。
- 上一节介绍的核心对象自身都有真假状态。
- 数字 0(或浮点数 0.0)、空字符串、空容器对象((),[],{})和特殊的 None 对象为假;非 0 数字、非空字符串和非空的容器对象为真。

逻辑操作

- 逻辑和 and(如 X and Y):当 X 和 Y 同时为真时,表述式为真。
- 逻辑与 or(如 X or Y):当 X 和 Y 有一个为真时,表达式为真。
- 逻辑非 not(如 not X):当 X 为假时,表达式为真;反之为假。

```
>>> if 1.5:
>>>     print('True')
True
```

```
>>> if 0:
>>>     print('True')
>>> else:
>>>     print('False')
False
```

```
>>> if [1, 'a']:
>>>     print('True')
True
```

```
>>> if None:
```

```
>>>     print('True')
>>> else:
>>>     print('False')
False

>>> 2 > 1 and 1 > 0
True

>>> 2 > 1 and 1 < 0
False

>>> 2 > 1 or 1 < 0
True

>>> not 2 < 1
True
```

2.3.3　循环语句

Python 语言包含 while 和 for 两种循环语句。其中，while 循环和静态语言中的 while 语句语法相似，用于按照某一逻辑条件重复执行一个代码块。而 for 循环用于按顺序获取序列的元素，与 C/C++语言中的 for 循环有本质区别。

while 循环

while 循环的基本语法结构如下。

```
while test:
        statement
        if test1 : break
        if test2 : continue
    else:
        statement
```

当逻辑表达式 test 为真（True）时，while 语句将一直执行，除非遇到 break 语句。

Python 语言的 while 语句与静态语言相比多了一个 else 语句。当 while 语句在非 break 状态下（即在上例中 test 为假）退出时，else 语句的代码块会被执行。

```
>>> x = 1
>>> while x < 10:
>>>     print(x, end=' ')
>>>     x += 1
1 2 3 4 5 6 7 8 9
```

循环中断

对于循环语句而言，通常需要有循环结束的条件，否则循环将一直执行形成死循环。以 while 循环为例，循环结束可能有两种情况。第一种情况是循环测试的逻辑表达式 test 为假，这种情况称为循环正常结束。第二种情况是 Python 执行到了 break 和 continue 语句，这种情况称为循环中断。break 语句用于跳出循环体，并结束当前循环；而 continue 语句用于跳过当前循环 continue 语句后面的代码，并开始下次循环（循环仍在继续）。break 和 continue 语句的用法和 C/C++ 语言基本一致，这里不再赘述。

```
>>> x = 1
>>> while True:
>>>     print(x, end=' ')
>>>     x += 1
>>>     if x >= 10:
>>>         break
1 2 3 4 5 6 7 8 9


>>> x = 0
>>> while x < 10:
>>>     x += 1
>>>     if x % 2 == 0: continue
>>>     print(x, end=' ')
1 3 5 7 9
```

for 循环

Python 语言中的 for 循环主要用于可迭代对象的元素遍历，与 C/C++ 语言中的 for 循环不同。可迭代是前面介绍的序列概念的一般化，任何可以逐一返回所有元素的对象，都是可迭代对象。因此，前面介绍的序列、字典和文本文件等都属于可迭代对象。下面是 for 循环的基本语法结构。

```
for v in iterable:
    statement
    if test1 : break
    if test2 : continue
else:
    statement
```

for 循环中的 *iterable* 为可迭代的对象，名字 *v* 称为循环变量，在循环中依次被赋值为可迭代对象的一个元素。例如在第 n 次循环开始时，等价于执行如下的语句。

```
v = iterable[n]
```

注意当 *iterable* 为字典对象时，名字 v 在每次循环中指向字典的一个键。当 *iterable* 为打开的文本文件时，名字 v 在每次循环中对应文件的一行字符。

```
>>> for v in 'Python':
>>>     print(v, end=', ')
P, y, t, h, o, n,

>>> D = {'name': 'China', 'year':1949}
>>> for v in D:
>>>     print(v, '<-->', D[v])
name <--> China
year <--> 1949
```

虽然 Python 语言的 for 循环与 C/C++ 的 for 循环不同，但仍然可以使用内置的 range 函数模拟出类似的计数循环。range 函数用于生成一个整数序列，其基本用法如下。

range([start,] end[, step])

其中 *start*、*end* 和 *step* 都为整数，分别表示整数序列的开始、结束和步长。注意在 3.x 和 2.x 版本的 Python 中，range 函数分别返回迭代对象和列表对象。以下的代码演示了和 C/C++ 语言类似的计数循环。

```
>>> for n in range(10):
>>>     print(n, end=',')
0,1,2,3,4,5,6,7,8,9,
```

与之等价的 C 语言代码如下。

```
for(int i = 0; i < 10; ++i)
    printf("%d", i)
```

使用 for 循环时经常需要用到 enumerate 和 zip 两个函数。其中 enumerate 函数用于在循环过程中获得元素对应的索引，而 zip 函数用于同时从两个可迭代对象中获取对应的元素。如果不使用 enumerate 函数，在 for 循环中获得元素的索引需要使用额外的数字对象。

```
>>> i = 0
>>> L = [(1, 2), (3, 4), (5, 6)]
>>> for v in L:
>>>     print(i, '<-->', v)
>>>     i += 1
0 <--> (1, 2)
1 <--> (3, 4)
2 <--> (5, 6)
```

而使用以下调用形式的 enumerate 函数，可以实现与上例代码相同的功能。注意该函数实际返回一可迭代对象,该对象每个元素为包含索引和对应元素的元组。

```
>>> for i, v in enumerate(L):
>>>     print(i, '<-->', v)
```

如果在循环体内需要同时处理两个列表对象的对应元素,可以使用如下调用形式的 zip 函数。注意该函数的返回值也是可迭代对象,该对象每个元素为包含两个列表对应元素的元组。zip 函数的功能同样可通过使用额外的索引的方式来实现,读者可自行测试。

```
>>> L1 = [1, 2, 3]
>>> L2 = [4, 5, 6]
>>> for v1, v2 in zip(L1, L2):
>>>     print(v1, v2)
1 4
2 5
3 6
```

2.3.4　递推构造

本章前面的内容介绍了列表和字典等容器对象的创建方法。这里继续介绍一种和 for 循环相关的常用的容器对象构造方法:递推构造(comprehension)。递推构造是使用循环语句创建容器对象的简化语法,它使得对象创建的代码变得简洁和高效。下面分别介绍列表和字典对象的递推构造语法。

列表对象的递推构造语法如下。

```
L = [ exp for v in obj if test ]
```

以上语句由方括号包含的三个部分组成。第一个部分 exp 为一个与循环变量 v 相关的表达式;第二个部分为普通的 for 循环,每次循环中 v 将指向可迭代对象 obj 的一个元素;第三个部分为 if 判断语句,仅当 test 为真时才执行 exp 语句。如下的普通循环代码可以完成与上述递推构造语句相同的功能。

```
>>> L = []
>>> for v in obj:
>>>     if test:
>>>         L.append(exp)
```

下面的代码演示了递推构造的实例,该例子将序列 L1 中大于 3 的元素增加 10,并创建新列表对象 L2。

```
>>> L1 = [5, 7, 4, 2]
>>> L2 = [x + 10 for x in L1 if x > 3]
[15, 17, 14]
```

字典对象的递推构造语法如下。

```
L = { exp1:exp2 for v in obj if test }
```

上述语法与列表对象的递推构造有两处差别:第一,字典对象递推构造的表达式由大括号包围;第二,表达式部分由冒号分隔的两个表达式组成,冒号左右两侧表达式的结果分别成为新字典元素的键和值。下面的代码演示了利用递推构造创建字典对象的例子。

```
>>>  L = [5, 7, 4, 2]
>>>  D = {x : x**2 for x in L if x > 3}
>>>  print(D)
{5: 25, 7: 49, 4: 16}
```

2.4　Python 函数

函数是一段可被重复使用的代码,它是面向过程编程中最核心的概念之一。编写程序时合理使用函数有如下优点。

- 利于代码重用减少冗余。
- 将一个复杂的功能分解为独立子功能,使得代码逻辑更加清晰。

由于函数本质上只是一段为特定功能而编写的代码,因此除了创建函数的语法之外,使用函数并不需要新的语法知识。Python 语言最基本的创建和使用函数的方式与其他静态语言较为相似。但是,由于 Python 的动态性,创建和使用函数的方式比传统静态语言更为丰富。图 2-2 显示了 Matplotlib 绘图库(将在 5.5 节介绍)中 plot()函数原型的截图。

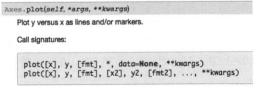

图 2-2　Matplotlib 模块中的 plot 函数原型

plot()函数前面'Axes.plot'这部分的含义将在 3.1 模块和包这一节里详细介绍,args 和 kwargs 是 plot()函数的参数。plot()函数参数的形式说明它可以接受任意个数的参数。因此,虽然 Python 函数的概念与静态语言有相似性,但其创建和使用过程中仍然存在差异,本节将重点介绍这些区别。

2.4.1　创建函数对象

在 Python 语言中,函数也是一种对象,因此同样遵循与其他类型对象类似的操作方式,即先创建再使用。Python 函数与静态语言函数的第一个不同点是,没有定义函数的步骤,而是直接创建函数对象。创建函数对象的基本语法如下。

```
def func_name(arg1, arg2, ...):
    statements
    return value
```

创建函数对象的表达式由 def 关键字开始,后面是函数的名字(*func_name*),函数名后面是由小括号包含的多个函数参数。def 语句也是一种复合语句,其子语句需要使用一致的缩进。函数的最后一行子语句通常是 return 语句,用于将函数的处理结果以返回值的形式传回调用者。下面的示例代码创建了一个名字为 sum 的函数对象,用于计算两个对象的和。

```
>>> def sum(x, y):
>>>     return x + y
```

在创建完函数对象之后,即可在后面的代码中调用该函数。

```
>>> sum(1, 2)
3
```

调用函数的语法是在函数名后面添加括号,并在括号内放入与创建函数时个数相同的参数。

以上介绍了 Python 最基本的函数创建和调用方法。在开始介绍更为复杂的函数用法之前,先回顾一下函数创建的细节。这一过程包含了三个重要的步骤。

- 创建函数体(即函数对象本身)。
- 创建函数名。
- 函数名指向已创建的函数体。

以上三个步骤说明函数名和完成特定功能的函数体(对象)是不同的程序单元,这与 2.1 节介绍的 Python 名字和对象之间的指向关系一致。但是在静态语言中,函数的名称和函数体是不可分割的,在程序运行过程中函数名始终对应特定功能的函数体。由于名字和对象之间的指向关系可以动态变化,因此在创建 sum 函数之后,仍可以使名字 sum 重新指向其他 Python 对象。下面的示例代码重新将名字 sum 指向一个字符串对象,之后再以函数对象的方式调用 sum,程序会报错。

```
>>> sum = 'str'
>>> sum(1,2)
TypeError: 'str' object is not callable
```

从语法角度而言,Python 函数只能返回单个对象。由于函数返回值传回给调用者时隐含了赋值操作,因此可以利用前面介绍的序列展开赋值操作,通过返回序列对象的方式模拟多个返回值。下面的代码片段创建了一个返回元组对象的函数,用于模拟三个返回值的情况。

```
>>> def func():
```

```
>>>      return 1, 2, 3
>>> x, y, z = func()
>>> x, y, z
(1, 2, 3)


>>> x, *y = func()
>>> x,y
(1, [2, 3])
```

2.4.2　名字作用域

在介绍了函数对象的创建之后，有必要引入名字作用域的概念。作用域是指一个名字在创建后可被访问的代码范围。本节内容之前的所有示例代码都在 Python 源文件的顶层创建[①]，这样的名字创建之后可在整个源代码范围内使用，这些名字所在的作用域称为全局域（Global）。而函数内部创建的名字仅能在同一函数范围内使用，其作用域称为局部域（Local）。除了常用的全局域和局部域，Python 语言还包含另外两种作用域：即包围域（Enclosing）和内置域（Build-in）。包围域出现在嵌套定义的函数中，而内置域是 Python 提供的一系列内置名字。在程序中创建和使用函数对象时需要注意名字的作用域。

Python 程序在执行过程中遇到一个名字时，将按照如下的规则（简称为 LEGB）查找该名字。

- 首先搜索局部域（Local）。
- 其次搜索包围域（Enclosing）。
- 再次搜索全局域（Global）。
- 最后搜索内置域（Build-in）。

如果以上 4 个作用域中无法查找到该名字，且名字出现在赋值语句的左侧，该名字将会被自动创建。如果名字出现在代码的其他位置，Python 将提示语法错误。下面通过具体的示例代码来说明名字的不同作用域。

```
>>> X = 99
>>> def func(Y):
>>>     Z = X + Y
>>>     return Z
>>> func(1)
100
```

---

① 对于交互模式下输入的代码，可以认为代码保存在一个临时文件中，再由 Python 解释器逐行运行这一临时文件，因此交互模式下输入的代码同样可以按照 Python 源文件来理解。

上述示例代码中的名字 X 在 Python 源文件的顶层代码中创建,其作用域为全局域。名字 Y 和 Z 在函数中创建,它们的作用域为局部域。对于以上例子中的第 3 行代码,Python 解释器执行名字 Z 的赋值语句时,按照 LEGB 规则依次搜索局部域、包围域(func 函数不是嵌套定义,因此没有包围域)、全局域和内置域,未能找到名字 Z。但由于名字 Z 出现在赋值语句的左侧,因此在局部域中创建名字 Z。对于赋值语句右侧的名字 X,根据同样的搜索规则,将在全局域中找到已创建的名字 X。而对于名字 Y,将在局部域中找到该名字。注意函数的参数(如名字 Y)在调用函数时在局部域自动创建(详见 2.4.3 节)。

名字作用域的主要作用是防止名字冲突,在不同作用域中相同的名字之间互不影响。下面的代码片段中,分别在局部域和全局域中创建相同的名字 X,但由于作用域的不同,它们指向的对象并不冲突。

```
>>> X = 99
>>> def func():
>>>     X = 88
>>>     print(X)
>>> func()
88

>>> print(X)
99
```

当程序的实际功能需要跨作用域修改名字时,可以使用 global 和 nonlocal 语句来修改名字的作用域。global 用于在局部域中修改全局域的名字,而 nonlocal 用于在局部域中修改包围域的名字。下面的代码演示了 global 的用法,注意在函数 func 中修改的名字 X 属于全局域。

```
>>> X = 99
>>> def func():
>>>     global X
>>>     X = 88
>>> func()
>>> print(X)
88
```

包围域仅在函数嵌套定义时存在,而 nonlocal 语句也仅是在代码存在包围域时才合法。下面的代码演示了 nonlocal 的用法。

```
>>> X = 99
>>> def f1():
>>>     X = 88
```

```
>>>      def f2():
>>>          nonlocal X
>>>           X = 77
>>>      f2()
>>>      print('X in f1:', X)
>>> f1()
X in f1:77

>>> print('X in global:', X)
X in global:99
```

以上代码分别在全局域、包围域和局部域中创建了名字 X。注意这里的函数 f2 在函数 f1 内部创建,这样的函数称为嵌套函数。由于嵌套函数 f2 使用了 nonlocal 语句,因此函数 f2 中的名字 X 实际与包围域中(函数 f1())的名字 X 等价。所以在函数 f2 中对名字 X 赋值,实际修改了包围域中的名字 X。

2.4.3　函数参数

函数本质是执行特定功能的代码片段,因此可以抽象为接受一定输入并返回相应结果的黑匣子。函数的输入以函数参数表示,参数决定了函数的结果。从软件开发者的角度而言,合理的参数设计对于函数调用的便利性和正确性具有重要意义。对于软件使用者而言,熟练掌握函数参数的用法是利用 Python 语言丰富和强大的扩展库来完成实际工作的基础。如前所述,对于最基本的创建和使用方式,Python 函数与其他静态语言类似。但是 Python 语言对传统函数参数的用法做了极大的扩充。下面具体介绍 Python 函数在创建、调用中参数使用的相关细节。

创建函数时的参数类型

前面介绍的创建函数对象语法仅使用了形式最简单的参数。创建函数对象时函数的参数包含如下 4 种不同形式。

```
def func(name)
def func(default=value)
def func(*args)
def func(**kwargs)
```

第一种形式的参数 *name* 称为普通参数,第二种形式的参数 *default* 称为默认值参数。最后两种形式的参数 *args* 和 *kwargs* 主要用于参数个数可变的情况,分别对应多个位置和关键字参数。位置和关键字参数是调用函数时的参数概念,将在下一节中详细讲解。这里仅须注意后面两种形式的 *args* 和 *kwargs* 参数分别为元组对象和字典对象。如果在创建函数对象时四种类型参数同时存在,须保证普通参数在最左侧,而 *kwargs* 在最右侧。

调用函数时的参数类型

在调用函数时,参数列表包含如下 4 种形式。

```
func(value)
func(keyword=kv)
func(*t)
func(**d)
```

以上这四种参数同时存在时,需要按如下顺序排列。

```
func(value, keyword=kv, *t, **d)
```

这里需要特别注意的是,对比创建和调用函数时参数的形式可以发现,两种情况下参数的 4 种形式非常类似。尽管如此,创建和调用函数时参数的意义和用法完全不同。创建函数时,参数列表实际是一些待创建和赋值的名字;而调用函数时的参数列表是已创建的名字。函数调用隐含了将传入对象赋值给函数局部域名字的过程。

对于前面介绍的每一种创建函数的形式,都可以使用本节介绍的四种方式调用。下面使用实例说明函数调用过程中输入参数与创建函数时指定参数之间的匹配关系。

函数参数匹配

下面按照由简到繁的方式,逐一介绍不同方式创建的函数对象在不同的调用方式下函数参数的匹配方式。首先创建一个仅包含普通参数的函数 func1()。

```
>>> def func1(a, b, c, d):
>>>     print(a, b, c, d)
```

对于函数 func1() 可以使用前面介绍的 4 种调用方式的任意一种。

```
>>> func1(1, 2, 3, 4)
1 2 3 4


>>> func1(1, 2, d=4, c=3)
1 2 3 4


>>> func1(1, *(2, 3, 4))
1 2 3 4


>>> func1(**{'a':1, 'b':2, 'c':3, 'd':4})
1 2 3 4
```

注意在以上代码中关键字参数的顺序不需要和创建函数时的参数列表对应,而按位置匹配的参数需要注意位置的对应关系。

如下代码创建的函数包含了普通参数和默认值参数。

```
>>> def func2(a, b, c, d=4):
>>>     print(a, b, c, d)
```

调用函数 func2 同样可以使用上一节介绍的 4 种调用方式。

```
>>> func2(1, 2, 3)
1 2 3 4

>>> func2(1, 2, c=3)
1 2 3 4

>>> func2(1,*(2, 3))
1 2 3 4

>>> func2(**{'a':1, 'b':2, 'c':3})
1 2 3 4
```

注意以上调用仅传入了三个参数,因此参数 d 将使用其默认值 4。如果直接传入 d 的值,将覆盖其默认值。

```
>>> func2(1, 2, 3, 5)
1 2 3 5
```

当创建函数时使用了如下代码中 ∗ 和 ∗ ∗ 开头的参数时,

```
>>> def func3(*args, **kwargs)
>>>     print(args, kwargs)
```

在调用时同样可以使用上一节介绍的所有 4 种方式。

```
>>> func3(1, 2, 3)
(1, 2, 3) {}

>>> func3(1, * (2, 3))
(1, 2, 3) {}

>>> func3(b=2, a=1, c=3)
() {'b': 2, 'a': 1, 'c': 3}

>>> func3(**{'a':1, 'b':2, 'c':3})
() {'a': 1, 'b': 2, 'c': 3}
```

注意前两行函数调用代码的结果仅赋值给 args 参数,而后面两行代码的结果仅给赋值给 kwargs 参数。

2.4.4 lambda 函数

前面介绍函数创建过程时,特别强调了函数创建过程实际上包含创建函数体、创建函数名、最后将函数名指向函数体这三个步骤。lambda 函数是一种特殊的匿名函数,其创建过程仅创建函数体,没有创建函数名和指向函数体的操作。创建 lambda 函数对象的语法如下。

```
lambda arg1, arg2,...: expression
```

其中,*arg1*,*arg2* 为 lambda 函数的参数,且只能是普通参数。另外,lambda 的函数体 *expression* 只能是单个表达式。

lambda 函数是 Python 可选的语言结构。换而言之,lambda 函数的功能完全可以用普通函数来代替。以下代码使用两种语法创建了函数 func1() 和 func2(),这两个函数的功能等价。

```
>>> def func1(x,y):
>>>     return x + y
>>> func2 = lambda x, y:x + y
>>> func1(1,2)
3

>>> func2(1,2)
3
```

lambda 函数的主要应用场景是作为参数传入其他函数,这种情况下作为参数的函数功能通常较为简单,使用 lambda 函数可以简化代码的书写。在 Python 语言中,lambda 常与面向函数编程(functional programming)的几个相关函数结合使用。面向函数编程是与面向对象编程(参见 3.2 节 Python 类的介绍)类似的软件设计概念,下列三个函数是 Python 语言中常用的面向函数编程工具。

- map(func, iterable):将可迭代对象 iterable 的每个元素作为参数传递给 func 函数,并将函数结果作为可迭代对象返回。
- filter(func, iterable):将可迭代对象 iterable 的每个元素作为参数传递给 func 函数,并将 func 返回值为真的元素作为可迭代对象返回。
- reduce(func, iterable):将可迭代对象 iterable 的每个元素以及上一次循环 func 函数的结果作为参数传递给 func 函数。

下面的代码演示了 lambda 函数的使用。注意由于 map 和 filter 函数的返回值为可迭代对象,因此需要强制使用列表构造函数将其显式转换为列表对象,以便在命令行窗口中显示。

```
>>> lnum = [1, 3, 5, 7]
>>> list(map(lambda v: v**2, lnum))
[1, 9, 25, 49]

>>> list(filter(lambda v: v > 4, lnum))
[5, 7]
```

```
>>> from functools import reduce
>>> reduce(lambda v0, v1: v0*v1, lnum)
105
```

第 3 章　高级语法

　　本章将介绍 Python 语言中的模块(module)、模块包(package,以下简称包)和类(class)的创建和使用。这部分内容之所以称为"高级语法"有两方面的原因。首先,模块和包是 Python 语言独有的语法单元,其他编程语言有功能相似的概念,但实现方式和使用方法都有较大的差别。其次,如果仅将 Python 作为脚本语言实现一些简单的编程任务,大多数情况下并不需要创建这些语法单元。本章介绍的高级语法是灵活运用 Python 语言完成编程任务的关键,也是继续深入理解 Python 语言以对象为核心这一特征的基础。

3.1　模块和包

　　模块和包是 Python 语言中用于组织功能模块的语言工具。模块和包有利于代码复用、名字空间隔离和系统集成。模块和包是 Python 语言简洁的体现,也是 Python 管理庞大科学计算库的基础。后面章节将要介绍的 NumPy、SciPy 和 Matplotlib 等扩展库都包含成千上万个属性和函数,正是因为模块和包的存在,才使得这些功能有序地组织在一起,方便用户使用。

　　尽管模块和包的功能强大,但其创建和使用的过程却十分简单。模块和包分别对应于计算机磁盘上的文件和目录,每个 Python 源文件就是一个模块,而每个包含__init__.py① 文件的文件夹就是一个 Python 包。换言之,创建模块和包的过程,就是在磁盘中创建文件夹,并在文件夹中添加 Python 源文件的过程。对于一个 Python 源文件,根据其使用方式可以称为主程序文件或模块文件。主程序文件和模块文件的区别如下。

- 主程序文件作为 Python 解释器命令行参数直接运行。
- 主程序文件通过 import 语句加载其他模块文件。

　　注意 Python 语言本身没有主程序文件和模块文件的区别,这里主程序和模块文件的区分只是为了便于理解。

3.1.1　创建模块

　　创建 Python 模块的过程就是先编写 Python 代码,再将代码保存为后缀名为.py 的磁盘

---

　　①　Python3.x 版本引入了名字空间包(namespace package)的概念。对于这种特殊的包对应的文件夹,不需要有__init__.py 文件存在。

文件。使用文本编辑器①编辑如下代码。

```
var_a = 99
L = [1, 'str']
def func_a(x):
    print('calling func_a in mod_a')
    print(x)
```

　　将以上代码存为文件名为 mod_a. py 的磁盘文件，即成功创建了名为 mod_a 的模块。注意须将模块文件存放在当前工作路径中(参见 1. 3. 3 节关于当前工作路径的介绍)，需要选择特定存放位置的原因将在下一节中给予解释。

3.1.2　使用模块

　　Python 语言提供了 import 和 from 两种语句来使用已创建的模块。import 和 from 语句的具体语法结构如下。

```
import module_name
from module_name import attr
```

　　下面通过实例介绍这两种引用模块的方法。首先在文件 mod_a. py 相同的文件夹下创建文件 main. py，并输入如下的代码。

```
import mod_a
print(mod_a. var_a)
mod_a. func_a(22)
mod_a = 'str'
```

　　然后在命令行窗口中输入如下命令运行该 Python 主程序。

```
>  python3 main. py
99
'calling func_a in mod_a'
22
```

　　以上示例代码包含三个语法要点。首先，在使用 import 语句导入模块文件 mod_a. py 时，仅使用了名字 mod_a，并未包含文件后缀 . py。其次，导入模块 mod_a 后，使用点(.)操作符来访问模块中创建的顶层名字，如 mod_a. var_a，mod_a. func_a。这里的顶层名字与 2. 4. 2 节介绍的名字作用域相关，即模块全局域中的名字。最后，导入模块的过程隐含了与创建函数对象类似的三个步骤，即创建模块名、创建模块对象并将模块名指向模块对象。因此，以上代码中 mod_a 实质上是模块 main. py 全局域中的一个名字。以上例子的最后一行代码说明，在

---

　　① 注意这里的文本编辑器为纯文本编辑器，不能使用 Word 等这类编辑器。笔者推荐使用跨平台的高效编辑器 SublimeText。

程序运行过程中模块名同样可以指向其他任意对象。

使用 import 语句导入模块时,可以访问该模块名字空间中的所有属性。后面章节将要介绍的 NumPy 和 Matplotlib 等大型扩展库,都包含上千个属性。如果仅需使用其中的一部分,可以使用 from 语句加载模块的部分属性。

```
#  main.py
from mod_a import func_a, var_a
print(var_a)
func_a()
```

这里使用 from 语句将模块 mod_a 当中的 func_a,var_a 这两个名字导入当前名字空间,因此无法访问 mod_a 中的 L 属性。以上 from 语句可按如下方式理解。

```
var_a = mod_a.var_a
func_a = mod_a.func_a
```

模块搜索

在前面创建模块对应的源文件时,特意强调了模块文件的保存位置。这是因为在模块导入语句中,仅给出了模块的名字而未提供模块的具体位置信息。Python 程序在执行导入语句时,按照如下的规则搜索模块对应的源文件。

- 主程序目录:如果通过命令行运行 Python 程序,即为主程序所在目录;如果是在交互式环境下,为当前工作目录。
- 环境变量 PYTHONPATH 包含的目录:环境变量用于存放操作系统的全局变量,不同操作系统设置环境变量的方式不同,请读者自行查询相关文档和教程。
- 标准库指向的目录:标准库目录是安装 Python 解释器时,由安装程序设置的模块搜索路径。不同操作系统和 Python 版本的标准库路径可能不同,可使用标准库 sys 模块的path 属性(sys.path)查看其实际值。
- 第三方模块包目录(site-packages):在完成 Python 解释器的安装后,通过 Python 的包管理器 pip 或者手动编译代码安装的第三方扩展库所在的位置。该目录的具体位置也和 Python 版本及操作系统相关。
- 第三方模块包目录中 .pth 文件中包含的目录:在搜索第三方模块包目录的过程中,如果发现 .pth 文件,将会把该文件中所记录的路径加入 sys.path 中。

以下代码将输出用户当前使用的 Python 解释器的所有模块查找路径。注意这里的 sys.path 为一列表对象,用户可以删除或添加目录从而修改模块查找路径。由于 sys.path 在不同的操作系统中包含的目录名不同,这里不显示其输出。

```
>>> import sys
>>> for p in sys.path:
>>>     print(p)
```

模块选择

前面已经提到,在导入模块 mod_a 时并未使用文件后缀 .py。这是因为虽然所有的

Python源文件都是模块,但 Python 模块并非全部是 Python 源文件。在 Python 程序中运行如下的模块导入语句。

```
import mod
```

可能对应如下几种情况。

- 一个 Python 源文件 mod. py。
- 一个 Bytecode 文件 mod. pyc。
- 一个优化的 Bytecode 文件 mod. pyo。
- 一个目录名为 mod 的模块包。
- 一个经编译的扩展模块 mod. pyd(Windows),mod. so(Linux 和 Macos)。

按照上一节的规则,在搜索模块 mod 的过程中,如果出现以上任意一种情况,Python 将停止模块搜索并加载该模块。如果在同一个目录下同时出现多个可能的匹配(如同时存在 mod. py 和 mod. so),不同 Python 解释器可能有不同的操作,因此需要尽量避免这样的情况。

模块重载

Python 的模块导入操作需要消耗较多的系统资源,特别是对于后面章节将要介绍的大型的扩展库。因此,对于每一个 Python 进程(可理解为正在运行的 Python 解释器)而言,即使同一模块或包的导入操作在代码的不同位置出现,仅第一次出现的位置(该位置与代码逻辑密切相关)会实际执行导入操作,其他位置的导入操作将被直接跳过,并直接使用之前已导入的模块。对于非交互式的运行方式,由于程序从启动到结束通常不需要用户的干预,因此模块导入的问题常被忽略。但是对于交互式运行模式,特别是在代码开始和调试过程中,用户可能在加载某一模块之后又对模块的代码进行修改,再次回到交互式环境运行修改之后的代码,会发现之前的修改无效。

以前面创建的模块代码为例,假设用户在交互式环境下已执行如下代码。

```
>>> import mod_a
>>> mod_a. func_a(22)
'calling func_a in mod_a'
22
```

此时再将 mod_a. py 中的 print(x)修改为 print(x+1),重复执行以上代码(假设未重启当前交互式环境)后输出并无变化。此时需要使用如下的强制重载操作,将修改后的模块导入当前环境。

```
>>> from imp import reload
>>> reload(mod_a)
>>> mod_a. func_a(22)
'calling func_a in mod_a'
23
```

　　注意除了使用以上的强制重载操作，也可以通过重新启动 Python 解释器的方式加载更新的模块。但是使用重启的方式有两个缺陷：首先，对于一些重要的服务器程序，需要不间断地工作，因此无法随意重启；其次，重启 Python 解释器将清除已完成的操作，如果其他操作耗时较长，每次重启都将浪费很多代码执行时间。

3.1.3　创建包

　　如 3.1 所述，Python 语言的包与操作系统的文件夹对应，并且文件夹中包含一个特殊的__init__. py 文件和多个 Python 模块文件。按下面所示结构创建目录。

```
dir1/
    __init__.py
    module1.py
    module2.py
```

其中，__init__. py 的文件内容如下。

```
# __init__.py
version = '0.0.1'
```

模块 module1. py 的文件内容如下。

```
# module1.py
var_module1 = 1
def func_module1():
    print('module1')
```

模块 module2. py 的文件内容如下。

```
# module2.py
var_module2 = 2
def func_module2():
    print('module2')
```

　　最后把该目录添加到 Python 的模块搜索路径中，就成功创建了包 dir1。此模块包包含 module1 和 module2 两个模块。前面介绍模块的创建操作时提到，模块是包含各种属性的名字空间对象。Python 包同样也是名字空间对象，它的属性存放在__init__. py 这一特殊文件里。换言之，__init__. py 文件中顶层创建的名字将成为包的属性。

3.1.4　使用模块包

　　由于包本质而言也是名字空间对象，因此同样可以使用 import 和 from 语句导入包。下面的代码从刚创建的包中导入模块 module1。

```
>>> import dir1.module1
```

　　由于模块 module1 本质是包 dir1 中的属性，因此在导入模块 module1 时须对包 dir1 使用点(.)操作符，相当于访问名字空间 dir1 中的属性。如果须导入的模块上层不只一个包，则需要将上层所有包的名字用点操作符连接起来。在导入包中的模块之后，可以按如下的方式使用模块。

```
>>> dir1.module1.var_module1
1

>>> dir1.module1.func_module1()
module1
```

这里需要注意的是，通过 import 语句使用包中的模块时，需要从最顶层的包名字开始书写。这对于包含多个层次的扩展库而言，书写都较为繁琐。这种情况下使用 from 语句来导入包中的模块更为方便。如下列代码所示。

```
>>> from dir1 import module1
>>> module1.var_module1
1

>>> module1.func_module1()
module1
```

以上语法导入的模块 module1 在使用时不再需要书写其上层包的名字。另外，from 语句还可以直接导入模块具体的属性和函数。

```
>>> from dir1.module1 import var_module1
>>> from dir1.module1 import func_module1
>>> print(var_module1)
1

>>> func_module1()
module1
```

3.2　类

前面章节介绍数字、容器、文件、函数和名字空间等 Python 对象时，强调了理解 Python 对象模型的重要性。前面介绍的内置对象是 Python 编程过程中最常用的对象类型，它们极大地简化了编程的难度。但是，实际编程过程中很多数据并不能直接用这些内置的对象来表示，例如，气象中常用的雷达基数据、无线电探空和数值模式的输出等。Python 语言的类用于创建自定义对象，支持将用户数据模型整合到 Python 语言的对象模型中。

3.2.1 类与面向对象编程

类是面向对象编程（Object-oriented programming，OOP）的核心概念。面向对象编程是相对于传统面向过程编程的一种软件设计方式。面向对象编程关注抽象设计，而非具体实现。类是面向对象编程中抽象设计的载体，它是数据和方法的组合。

这里以天气雷达基数据为例说明面向对象编程中几个重要的概念。假设需要设计一个处理雷达资料的类，需要考虑这个类应具备哪些功能。首先，每个雷达数据都需要一个观测位置的信息。另外，由于雷达特殊的观测方式，需要有函数实现坐标转换的功能。最后，对于转换后的数据应绘制常见的图形。以上考虑就是一个简单的类抽象设计过程，这时将雷达数据作为一个抽象的概念来考虑，并未涉及任何一部具体型号的雷达。实际数据处理过程中的雷达基数据都来自特定的雷达，它是之前类抽象设计的一个实体，因此具体的雷达资料就是类的实例。假设以上用于雷达资料处理的类编写完成之后，又需要处理一种新的雷达资料。由于这种雷达资料的观测模式可能不同，需要重新设计坐标转换的算法，但其他部分的功能与之前完成的类一致，这种情况下通过"继承"在原来设计类的基础上重新编写坐标转换部分的代码，并保持其他功能不变。前面在介绍基本对象类型时，提到不同的对象可以支持相似的操作（如加法"＋"，尽管加法的含义可能不同），这种行为通过操作符重载实现。操作符重载的核心是将具体的运算符与特殊的函数相对应，从而实现与内置对象相似的行为。

3.2.2 Python 语言与类相关的概念

Python 语言中与面向对象编程相关的两种程序结构是**类对象**和**实例对象**。其中，类对象包含公用方法（函数），而实例对象包含被处理的数据。类对象通过 class 语句创建，而实例对象通过"调用"类对象来创建。类对象和实例对象都是名字空间对象，且两者的名字空间存在关联。当访问实例对象的属性时，将触发属性搜索。Python 将按照既定的规则在实例和其所有父类的属性中搜索，并返回第一个匹配的属性。属性搜索的基本规则是：自下而上，从左到右。实例对象对不同数据的处理是通过其方法包含的默认参数 self 实现的，在类中对 self 属性的操作最终都针对具体的实例对象。

3.2.3 Python 类编程基础

下面通过具体的代码实例介绍 Python 语言中与类编程相关的概念。

创建类与实例对象

由于实例对象通过类对象创建，因此基于 Python 类编程的第一步是创建类对象。创建类对象的基本语法如下。

```
class class_name(parent_obj):
    class_var = 'class'
    def func(self, args1,...):
```

```
        pass
```

创建类对象使用关键字 class,关键字之后的 *class_name* 为类名。类名之后的括号内为该类的父类名,括号和父类名字可省略。父类与类的继承相关,将在下一节详细介绍。class 是一种复合语句,冒号之后的所有子语句都需要保持相同的缩进。在 class 的子语句中创建的名字都将成为类的属性,可以通过点操作符访问。

类对象中创建的函数(即类的方法)的首个参数须使用默认名字 self。但是在实例对象中调用类方法时,不需要指定第一个参数 self,该参数由 Python 自动赋值为当前的实例对象。以下的代码创建了名为 FirstClass 的类对象。

```
>>>  class FirstClass(object):
>>>      def setData(self, value):
>>>          self.data = value
>>>      def display(self):
>>>          print('Data: ', self.data)
```

在创建类对象之后,即可通过“调用”类对象的方式创建实例对象。注意类对象本质而言不是函数对象,这里的调用是因为他们支持相同的行为。以下代码分别创建了 FirstClass 类的两个实例对象 r1 和 r2。

```
>>>  r1 = FirstClass()
>>>  r2 = FirstClass()
```

类与实例对象的关联

以上创建实例对象 r1 和 r2 的语法虽然相似,但是两个实例对象对应于完全不同的名字空间。观察以下代码的结果。

```
>>>  r1.setData('radar1')
>>>  r2.setData('radar2')
>>>  r1.display()
Data:  radar1

>>>  r2.display()
Data:  radar2
```

以上代码首先调用了 r1 和 r2 两个实例对象的 setData 方法,该方法为实例对象的 data 名字赋值,然后调用了 display 方法将设置的名字显示出来。由于类和实例对象名字空间的关联,实例对象实际调用的是类 FirstClass 中创建的方法。这里遵循了前面提到的自下而上的属性搜索规则。由于对象 r1 和 r2 并未创建任何属性,因此在访问其 setData 和 display 属性时,将直接在其父类对象中搜索。注意在 setData 方法中,将传入的参数 value 赋值给了实例对象的 data 名字。由于 r1 和 r2 是两个完全不同的名字空间对象,因此两个实例对象的 data 名字互不干扰。

继承

在类的抽象设计过程中,通常优先实现最有共性的功能。随着实际需求的变化,再对之前设计的类进行修改或扩充。如果直接修改原有的类代码,可能导致其他使用该类的程序无法运行。这时使用类的继承机制来扩充原有代码的功能,是一种更合理的方式。继承机制不修改原类代码,而是通过编写新子类的方式修改原有类的功能。通过这种方式,之前开发的旧代码仍可继续使用原来的类,而新开发的代码可以使用新编写的子类。

从语法角度而言,实现类的继承非常简单。只需要在创建类时指定父类名即可。下面的代码创建了 FirstClass 的子类 SecondClass。

```
>>> class SecondClass(FirstClass):
>>>     def display(self):
>>>         print('Data: %s (%d)' % (self.data, len(self.data)))
```

在创建类对象 SecondClass 时,在类名之后的括号内使用了前面创建的类名 FirstClass。同时在 SecondClass 内创建了与 FirstClass 同名的函数 display()。以下代码创建了类 SecondClass 的实例对象 r3,并调用其 setData()和 display()方法。

```
>>> r3 = SecondClass()
>>> r3.setData('radar2')
>>> r3.display()
Data: radar2 (6)
```

Python 继承机制的核心是名字空间关联,即在创建子类对象时自动关联父类对象的属性。注意 SecondClass 类中未创建函数 setData,当访问实例对象 r3 的 setData 属性时,将按照前述的"自下而上,从左到右"规则,先在 SecondClass 中查找到该属性,如未找到将继续向上搜索父类对象 FirstClass,并最终在该类中找到相应属性。另外,在访问实例对象 r3 的 display 属性时,由于 SecondClass 类创建了函数 display,该属性将在 SecondClass 中搜索到,因此不会调用父类对象 FirstClass 的 display 属性。简而言之,类对象 SecondClass 继承了 FirstClass 的 setData 属性,并创建了新的 display 属性。

操作符重载

操作符重载是对 Python 语句提供的各种内置操作符(如+、-、*、/等)的实际功能重新定义的过程。前面介绍的数字和字符串等对象都支持加法操作(+),但加法对应的具体操作对于不同类型对象是不同的。对于数字对象,加法是求取两个数字的算术和;对于字符串,加法表示将两个字符串合并。通过操作符重载,用户创建的类对象也可以支持内置的操作符,从而拥有与内置对象相似的行为。

操作符重载是面向对象编程语言(如 C++)最基本的特征之一,但在 Python 语言中的具体实现和其他编程语言有较大的区别。Python 语言中的操作符重载与一些特殊名字的函数相关。这里以最常用的三种操作符重载为例,来说明操作符重载的具体用法。

· _ _init_ _():重载了类对象的调用操作,在创建实例对象时被自动调用。

- __add__():在实例对象参与加法①(+)运算时被调用。
- __str__():实例对象作为 print()函数的参数时被调用。

以下代码在 SecondClass 的基础上,重载了以上三个操作符。

```
>>> class ThirdClass(SecondClass):
>>>     def __init__(self, value):
>>>         self.data = value
>>>     def __add__(self, other):
>>>         return ThirdClass(self.data + other)
>>>     def __str__(self):
>>>         return '[ThirdClass: {}]'.format(self.data)
```

下面的代码创建了 ThirdClass 的实例对象 r4,并调用了重载的函数。

```
>>> r4 = ThirdClass('Python')
>>> r5 = r4 + 'is awesome'
>>> print(r5)
[ThirdClass: Python is awesome]
```

以上第一行代码调用了 ThirdClass 的构造函数__init__(),该函数本质而言与其他类中创建的函数类似(如 FirstClass 的 setData 函数),主要区别是该函数在创建实例对象时被自动调用,而其他类方法需要手动调用。第二行代码调用了 ThirdClass 的函数__add__(),这里参与加法运算的字符串'is awesome'成为参数 other。第三行代码实际调用了 ThirdClass 的__str__()函数。

---

① Python 语言中加法的操作符重载还包括左加法和右加法,这里仅介绍了加法操作两侧参与运算的数据类型相同的情况。

第 4 章 NumPy①

4.1 NumPy 简介

数组是科学计算中最常用的数据结构。传统静态语言 Fortran 因为对于数组的良好支持,成为科学计算最常用的语言。2.2.3 节介绍的 Python 列表对象具备很多与数组相似的特征,且可以根据元素数量自动调整大小。但是 Python 语言本身并非为数值计算而设计,因此使用列表对象表示数组在实际应用中存在明显的缺陷。数组适合数学运算的主要原因是其元素的类型相同,对于单个元素的操作可以直接应用于其他的元素。这种将相同的运算应用于不同数据的操作称为矢量计算(vectorized computing)。矢量计算可以从软件和硬件上进行优化,从而显著提高计算效率。科学计算领域常用的 Matlab 和本章将重点介绍的 NumPy 数组,在底层都使用针对矢量运算优化的 BLAS 和 LAPACK 程序库。由于 Python 列表的每个元素可以是任意类型的对象,因此对于某个元素的操作不一定适用于其他列表元素。除此之外,Python 对象为了实现其动态性,除了对象表示的实际数据外还保存了其他附加信息,这对于存储大量相同类型的元素带来了不必要的内存负担。

NumPy 是 Python 语言中用于表示数组和相关数学运算的扩展库,其核心是 N 维数组对象 ndarray,其数据结构的概念图如图 4-1 所示。NumPy 数组对象具有很多序列的特性(参见 2.2.3 节),例如可以使用索引和切片操作存取元素。ndarray 数组的元素都具有完全相同的性质,每个元素占有相同大小的内存空间,因此所有元素可以使用完全相同的方式处理。ndarray 数组元素的信息由 dtype 对象表示,在创建数组对象时可以指定元素类型,也可以由 NumPy 根据数据自动确定。已创建的 ndarray 实例对象包含一个 dtype 属性(注意和 dtype 对象的差别),用于在编程过程中查询数组的元素信息。当从 ndarray 数组取单个元素时,在可能的情况下(即存在兼容的 Python 对象)该元素将被转换为对应的 Python 对象。

NumPy 数组的功能集成在名为 numpy 的扩展库中,可使用如下语句导入。

```
>>> import numpy as np
```

这里使用 as 语句将名字 numpy 简写为 np 是一种约定俗成的操作,各种图书及网络教程

① NumPy 是整个扩展库的名称,ndarray 只是 NumPy 中用于表示数组的类对象。但是习惯上常用"NumPy 数组"来表示 ndarray。

都使用这种规范。本书后续章节如无特殊说明,都以 np 表示 numpy。

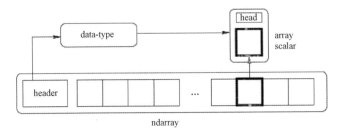

图 4-1　ndarray 的数据结构概念模型

4.2　创建数组对象

4.2.1　常用方法

　　按照 Python 对象操作的基本步骤,使用 NumPy 数组之前需要首先创建相应的实例对象。创建 NumPy 数组对象有如下三种常用方法。

强制类型转换

　　使用 np.array()函数将其他兼容的序列对象(如:列表和元组等)强制转换为数组对象。如下的代码分别创建了一维数组 a 和二维数组 b。

```
>>> a = np.array([1, 2, 3])
>>> b = np.array([[1,2,3],[4,5,6]])
```

注意嵌套的列表对应二维数组,更高维的数组可以通过增加列表嵌套实现。

使用 NumPy 内置函数

　　对于创建一些常用且数值有规律的数组,NumPy 提供了专用的函数。

· np.zeros(shape):创建全 0 数组,参数 shape 为元组,用于指定数组每一维的大小。

```
>>> np.zeros((2,2))
array([[0., 0.],
       [0., 0.]])
>>> np.zeros((2,))
array([0., 0.])
```

· np.ones(shape):创建全 1 数组,参数 shape 为元组,用于指定数组每一维的大小。

```
>>> np.ones((1,2))
array([[1., 1.]])
```

· np.eye(n):创建形状为 n×n 对角线全 1 的数组,参数 n 表示数组的大小。

```
>>> np.eye(2)
array([[1., 0.],
```

```
[0. , 1.]])
```

- np. arange(n1，n2，step)：创建步长为 step，数值范围从 n1 到 n2 的一维数组(不包含 n2)。arange 函数的用法与 Python 内置的 range 函数相似，主要区别是 arange 函数支持浮点数作为参数。

```
>>> np. arange(0. , 10. , 2. 5)
[0.   2. 5 5.   7. 5]
```

- np. random. random(shape)：创建形状为 shape 的随机数数组，随机数的大小为 0~1。

```
>>> np. random. random((2,2)) # 该函数每次输出不同
array([[0. 61808321, 0. 02341325],
       [0. 61726767, 0. 38425844]])
```

- np. meshgrid(a1，a2)：以 a1 和 a2 作为第 1 和 2 维的数据，生成 2 维坐标网格。假设这里的 a1 和 a2 分别为经度和纬度，调用该函数将生成二维网格对应的经纬度，该函数在资料分析和绘图中很常用。

```
>>> xi = np. arange(100. , 140. 5, 0. 5)
>>> yi = np. arange(10, 40. 5, 0. 5)
>>> lon, lat = np. meshgrid(xi, yi)
```

从外部文件创建

- load(fp)：从以 .npy 和 .npz 结尾的文件(使用 np. save 保存)加载 numpy 数组。
- loadtxt(fp)：从文本文件创建 numpy 数组。
- genfromtxt(fp)：与 loadtxt 类似，但支持更复杂的文件结构。
- frombuffer(buffer，dtype=float)：从 ByteArray 对象创建 numpy 数组。ByteArray 是 Python 语言中表示二进制数的对象。
- fromfile(file，dtype=float)：从已知格式的文本或二进制文件中读取数据创建 numpy 数组。

以上函数的详细用法请读者参阅 Numpy 官方文档(附录 A 表 A-1 第 3 行)。

4. 2. 2　数组属性

Numpy 数组对象的结构和使用与数组的部分属性密切相关，表 4-1 列举了一些常用的属性。以下代码显示了前面创建数组 b 对应的属性值。

```
>>> print(b. dtype)  # 在某些操作系统中可能输出 int64
int32

>>> print(b. shape)
(2, 3)
```

```
>>> print(b.ndim)
2

>>> print(b.size)
6

>>> print(b.itemsize)
4

>>> print(b.nbytes)
24

>>> print(b.flags)
  C_CONTIGUOUS : True
  F_CONTIGUOUS : False
  OWNDATA : True
  WRITEABLE : True
  ALIGNED : True
  WRITEBACKIFCOPY : False
  UPDATEIFCOPY : False
```

对于多维数组而言,特别需要注意属性 flags 的 C_CONTIGUOUS 和 F_CONTIGUOUS 两个值。虽然多维数组在逻辑上是多维结构,但在计算机内存中仍按照一维数组的方式存储。将多维数组排列成一维数组有两种主流的方式,即以 C/C++ 语言为代表的按行展开和以 Fortran/Matlab 为代表的按列展开。NumPy 扩展库由 C/C++ 语言编写,因此默认情况下创建的多维数组采用按行展开的内存布局,这种情况下对应的 C_CONTIGUOUS 为 True 而 F_CONTIGUOUS 为 False。NumPy 支持在创建数组时通过 order 参数指定按行(order= 'C')或者按列(order= 'F')的内存布局。正确理解多维数组的内存布局对于读写数据、计算和绘图都有重要意义。由于一维数组没有展开的问题,因此数组 a 的两个属性值都为 True,如下列代码所示。

```
>>> print(a.flags)
  C_CONTIGUOUS : True
  F_CONTIGUOUS : True
  OWNDATA : True
  WRITEABLE : True
  ALIGNED : True
  WRITEBACKIFCOPY : False
```

UPDATEIFCOPY : False

表 4-1　NumPy 数组常用的属性列表

属性名	说明
dtype	数组元素的类型
shape	数组每一维的元素个数
ndim	数组的维数
size	数组元素的总数
itemsize	数组元素占用内存字节数
nbytes	数组整体占用内存字节数
flags	数组内存使用细节信息

最后需要注意的一点是，NumPy 数组并不一定对应连续的内存空间，因此 C_CONTIGU-OUS 和 F_CONTIGUOUS 的值可能都为 False。这种情况将在数组视图（见 4.3.1 节）中继续介绍。

4.2.3　元素类型

4.2.1 节创建 NumPy 数组对象 a 和 b 时，并未指定数组元素的类型，这种情况下 NumPy 会根据列表元素的类型，自动选择合适的元素类型。表 4-2 列举了科学计算中常用的元素类型以及在 NumPy 中的表示方式，NumPy 支持的所有元素类型可查阅附录 A 表 A-1 第 4 行。创建数组对象时，可使用 dtype 关键字参数手动指定元素的数据类型。例如，对于 4.2.1 节中的实例对象 a，可以手动指定其元素为浮点数。

```
>>> a = np.array([1, 2, 3], dtype=np.float32)
>>> print(a.dtype)
float32
```

此时创建的实例对象的元素类型变为浮点数。上一节介绍的所有创建数组对象的函数都支持 dtype 参数，因此都可以手动指定元素类型。

表 4-2　科学计算中常用的 NumPy 元素类型

对象表示	字符串表示	说明
np. int32	'i4'	32 位有符号整数
np. int64	'i8'	64 位有符号整数
np. float32	'f4'	32 位浮点数
np. float64	'f8'	64 位浮点数
np. bool_	'?'	逻辑值 True 或 False
np. bytes_	'S#'	长度为 # 的字符串
	'm[#]'	时间差类型，详见 6.2.2 节
	'M[#]'	时间点类型，详见 6.2.2 节

4.3　元素访问

处理数组时通常仅须操作其一部分数据(即一个子集)。例如,处理数值模式输出的三维数据时,可能仅须处理某一垂直层或某一水平区域。NumPy 数组属于序列类型对象,因此操作方法与列表等序列对象十分相似。但为了适应 NumPy 数组的多维结构,NumPy 的元素访问操作对传统的索引和切片进行了扩充。

4.3.1　索引和切片

NumPy 针对多维数组对序列的索引和切片操作进行了扩展。对于索引操作,使用逗号分隔多个整数。具体的语法规则如下。

```
arr[n1, n2,...]
```

其中整数 n1,n2,…的个数与数组的维度一致。而切片操作的规则与索引操作类似,使用逗号分隔的多个切片操作。具体的语法如下。

```
arr[m1:m2:ms, n1:n2:ns,...]
```

对于多维数组,索引和切片操作可以混用。以下代码演示了数组的索引和切片操作。

```
>>> a = np.array([[1,2,3,4], [5,6,7,8], [9,10,11,12]])
>>> a[0, 0], a[0, -1]
(1, 4)

>>> b = a[:2, 1:3]
>>> print(b)
[[2 3]
 [6 7]]
```

使用切片操作得到的数组对象 b 只是原数组 a 的一个视图(view),此时修改新数组元素将改变原数组对应元素的值。以下代码中的 b[0,0]和 a[0,1]对应同一个元素,因此修改 b[0,0]将同时修改 a[0,1]。

```
>>> a[0,1], b[0,0]
(2, 2)

>>> b[0,0] = 77
>>> a[0,1]
77
```

由于数组 b 为另一数组的视图,因此 C_CONTIGUOUS 和 F_CONTIGUOUS 都为False。

```
>>> print(b.flags)
  C_CONTIGUOUS : False
  F_CONTIGUOUS : False
  OWNDATA : False
  WRITEABLE : True
  ALIGNED : True
  WRITEBACKIFCOPY : False
  UPDATEIFCOPY : False
```

当索引和切片操作混用时,得到的新数组仍是原数组的视图,并且新数组的维度减小。

```
>>> row_r1 = a[1,:]
>>> row_r1, row_r1.shape
  (array([5, 6, 7, 8]), (4,))
>>> row_r2 = a[1:2,:]
>>> row_r2, row_r2.shape
(array([[5, 6, 7, 8]]), (1, 4))
```

以上两种方法获取了数组 a 的同一行,但返回新数组的维度不同。索引操作降低了数组纬度,而切片操作得到的新数组维度不变。

4.3.2　整数列表索引

4.3.1 节介绍的数组索引操作以括号中的整数进行元素选择,如果将这些整数替换为整数组成的列表,即为整数列表索引操作。这种操作得到的新数组拥有独立的数据,不再是原数组的视图。以下代码演示了整数列表索引的用法。

```
>>> a = np.array([[1,2], [3, 4], [5, 6]])
>>> a[[0, 1, 2], [0, 1, 0]]
array([1, 4, 5])
```

整数列表索引中,每个列表分别对应该维度上需要取出元素的索引。因此不同维度上列表的元素个数须相等,而且索引值在该维度的大小范围内。整数列表索引可以等价表示为如下形式。

```
>>> np.array([a[0, 0], a[1, 1], a[2, 0]])
array([1, 4, 5])
```

使用整数序列索引时,列表包含的索引值可以出现重复,可以实现重复取出数组同一元素的操作。例如下面的代码。

```
>>> a[[0, 0], [1, 1]]
```

```
array([2, 2])
```

4.3.3　逻辑数组索引

实际数据处理过程中,常会遇到需要根据某种逻辑条件从数组中获取部分元素的操作。例如,一个时间序列包含同期的温度和降水观测,如果仅须处理温度大于某个阈值时的降水,就可以使用逻辑数组索引。以下的代码演示了逻辑数组索引的用法。

```
>>> t = np.array([20.6, 21.4, 22.6, 25., 11., 21., 29.4, 28.2])
>>> p = np.array([8. , 8. , 9.5, 0. , 8.5, 8. , 3.5, 9.5])
>>> bool_idx = (t > 25.)
>>> bool_idx
array([False, False, False, False, False, False,True,True])

>>> p[bool_idx]
array([3.5, 9.5])
```

上例中前两行代码分别创建了温度和降水两个一维数组。第三行代码对温度数组进行了逻辑判断,并将结果赋值给 bool_idx。数组对象的逻辑运算作用于数组的每一个元素,并返回与原数组大小一样的逻辑数组(参见 4.2.3 节数组元素类型)。最后一行代码使用逻辑数组 bool_idx 作为数组 a 的索引进行取值操作,得到 bool_idx 数组中元素为 True 对应位置 p 的元素值。逻辑数组索引得到的新数组拥有独立的存储空间,不是原数组的视图。另外,bool_idx 作为中间结果如未被其他代码使用,以上代码可以简化为。

```
>>> p[t > 25]
array([3.5, 9.5])
```

4.4　数学计算

4.4.1　算术操作

NumPy 数组支持常见的加、减、乘、除和乘方等算术运算。这些算术运算都支持前述的矢量运算,即对数组进行的运算依次作用于每个元素。与 Matlab 类似,NumPy 在后台调用 BLAS 和 LAPACK 等高效的数学运算库,因此保证了计算效率。下面的代码演示了 NumPy 数组的基本算术运算。

```
>>> x = np.array([[1, 2],[3, 4]], dtype=np.float64)
>>> y = np.array([[5, 6],[7, 8]], dtype=np.float64)
```

```
>>> x + y
array([[ 6., 8.],
       [10., 12.]])

>>> x - y
array([[-4., -4.],
       [-4., -4.]])

>>> x * y
array([[ 5., 12.],
       [21., 32.]])

>>> x / y
array([[0.2 , 0.33333333],
       [0.42857143, 0.5 ]])
```

　　熟悉 Matlab 的读者需要注意乘法操作符在 NumPy 和 Matlab 中的差异。Matlab 中乘法操作符对应矩阵乘法,而 NumPy 中的乘法操作符针对每个元素。NumPy 中进行矩阵乘法运算需要使用 np.dot() 函数,比如向量间的内积,矩阵与矢量以及矩阵与矩阵的乘法。注意 np.dot() 函数既是 NumPy 扩展库中的函数,也是数组对象的方法,因此在计算两个数组的矩阵乘法时有两种等价的写法。

```
>>> v = np.array([9,10])
>>> w = np.array([11, 12])
>>> v * w   # 逐元素乘法
array([ 99, 120])

>>> v.dot(w)     # 向量内积,等价于 np.dot(v, w)
219

>>> x.dot(v)     # 矩阵与向量乘法,等价于 np.dot(x, v)
array([29., 67.])

>>> x.dot(y)     # 矩阵与矩阵乘法,等价于 np.dot(x, y)
array([[19., 22.],
       [43., 50.]])
```

4.4.2　数学函数

　　NumPy 提供了齐全的数学函数,这些函数的名称和调用方法与常见的科学计算工具一致

（如 np. sin，np. cos，np. sqrt，np. power，np. log 等），这里不再赘述。有兴趣的读者可查阅附录 A 表 A-1 第 5 行中的全部 NumPy 数学函数列表。

4.5　数组工具

除了基本的算术操作外，NumPy 提供了大量函数对数组进行各种处理。这里仅介绍部分最常用的函数，NumPy 提供的全部函数可查阅附录 A 表 A-1 第 5 行。

4.5.1　数组信息统计

- np. sum(arr，axis＝None)：计算数组所有元素之和。
- np. mean(arr，axis＝None)：计算数组所有元素的平均数。
- np. std(arr，axis＝None)：计算数组所有元素的标准差。
- np. var(arr，axis＝None)：计算数组所有元素的方差。

以下代码演示了以上函数的具体用法。

```
>>> x = np. array([[3, 6, 5], [4, 4, 6], [8, 1, 4]])
>>> np. sum(x)
41

>>> np. mean(x)
4. 555

>>> np. std(x)
1. 892

>>> np. var(x)
3. 580
```

默认情况下（未指定 axis 参数），以上函数将数组整体作为计算对象。当只需按某一维度（如按行或者列）进行统计时，可以通过参数 axis 指定须计算的维度，如下列代码所示。

```
>>> np. sum(x, axis=0)     # 按行(axis=0)求和,得到每列之和
array([15, 11, 15])

>>> np. sum(x, axis=1)     # 按列(axis=1)求和,得到每行之和
array([14, 14, 13])
```

4.5.2　数组结构变换

- np. ravel(arr)：将多维数组 arr 展开成一维数组。如果二维数组 arr 的内存布局连续，

将返回原数组的视图,否则将返回原数组的拷贝。

- np. reshape(arr,ns):将数组 arr 的形状修改为 ns,注意新旧数组元素的总数必须相等。
- np. concatenate((a1,a2,...),axis=0)):将多个数组对象 a1,a2 等沿某个存在的维度合并为新数组。
- np. stack((a1,a2,...),axis=0)):将多个数组对象(a1,a2,...)沿新维度 axis 合并为新数组。

以下代码展示了 concatenate()和 stack()函数的用法和区别。

```
>>> a1 = np.ones((2, 3))
>>> a2 = np.ones((2, 3)) * 2
>>> np.concatenate((a1, a2))      # 参数 axis 取默认值 0,按行方向合并
array([[1., 1., 1.],
       [1., 1., 1.],
       [2., 2., 2.],
       [2., 2., 2.]])

>>> np.concatenate((a1, a2), axis = 1) # 按列方向合并
array([[1., 1., 1., 2., 2., 2.],
       [1., 1., 1., 2., 2., 2.]])

>>> np.stack((a1, a2))
array([[[1., 1., 1.],
        [1., 1., 1.]],
       [[2., 2., 2.],
        [2., 2., 2.]]])

>>> np.stack((a1, a2), axis=1)
array([[[1., 1., 1.],
        [2., 2., 2.]],
       [[1., 1., 1.],
        [2., 2., 2.]]])

>>> np.concatenate((a1, a2)).shape
(4, 3)

>>> np.stack((a1, a2)).shape
(2, 2, 3)
```

从以上代码可以看出，concatenate()和 stack()函数都用于将多个数组合并为一个新数组，两者的区别在于合并数组的形状不同。concatenate()创建的数组维度不变，但 stack()创建的数组总是会增加一个维度。

4.5.3　元素排序与搜索

- np. max()和 np. argmax()：数组最大值以及最大值的索引位置。
- np. min()和 np. argmin()：数组最小值以及最小值的索引位置。
- np. sort()和 np. argsort()：数组排序以及使得数组完成排序的索引数组。

以下的代码演示了以上 6 个函数的用法。

```
>>> a = np.array([16, 31, 71, 61, 7, 23])
>>> np.max(a), np.argmax(a)
(71, 2)

>>> np.min(a), np.argmin(a)
(7, 4)

>>> np.sort(a)
array([ 7, 16, 23, 31, 61, 71])

>>> np.argsort(a)
array([4, 0, 5, 1, 3, 2])

>>> a[np.argsort(a)]   # 等价于 np.sort(a)
array([ 7, 16, 23, 31, 61, 71])
```

因为 np. argsort 的返回值为整数列表，因此以上代码最后一行输入实际使用了 4.3.2 节介绍的整数列表索引操作。

4.5.4　数组逻辑判断

- np. all(a, axis＝None)：数组 a 元素全部为真时返回 True，否则返回 False。
- np. any(a, axis＝None)：数组 a 任意元素为真时返回 True，否则返回 False。
- np. nonzero(a)：返回数组 a 中非零元素的索引值。
- np. where(cond, x, y)：创建形状与逻辑数组 cond 一致的新数组，对于新数组的每个元素，如果 cond 中的对于元素为 True，则从数组 x 中取对应元素，否则从数组 y 中取对应元素。

以下代码演示了以上 4 个函数的用法。

```
>>> a = np.array([[ 2,  1,  2],
...               [-2,  0, -2],
...               [ 0, -2,  4]])
>>> np.all(a)
False

>>> np.any(a)
True

>>> np.nonzero(a)
(array([0, 0, 0, 1, 1, 2, 2]), array([0, 1, 2, 0, 2, 1, 2]))
>>> np.where(a > 0, a, 0)
array([[2, 1, 2],
       [0, 0, 0],
       [0, 0, 4]])
```

　　注意 where 函数最后两个参数须为数组。但以上代码在调用该函数时,第三个参数是整数 0。这里的整数 0 将被自动扩展为与 cond 形状一致的全 0 数组。数组根据一定规则扩展成其他形状的过程称为元素广播,将在 4.6 节中详细介绍。

4.6　元素广播

　　本章 4.4.1 节介绍数组数学运算时,强调了 NumPy 数组的基本算术运算按逐元素进行。逐元素的操作隐含参与运算的两个数组的形状必须一致,因此前面章节给出的例子使用了形状相同的数组。在一定的条件下,形状不同的数组仍然可以进行数学运算,这就是 NumPy 数组元素广播的功能。元素广播按照如下几条规则进行。

- 如果参加运算的数组维度不同,先在低维度数组的形状参数前面填补数字 1,使各数组的维度相同。
- 然后依次比较两个数组的形状参数,如果在某一个维度上两个数组的元素个数相同或其中一个数组的元素个数为 1,那么两个数组在该维度兼容。
- 如果两个数组的所有维度都兼容,则元素广播操作可以进行。
- 元素广播的具体操作是:如果两个数组在某个维度上的长度为 1 和 N(N>1),则将长度为 1 的数组在该维度上复制 N 遍,使两个数组的所有维度长度一致。

　　由于单个数字对象等同于一个形状为(1,)的数组,按照以上规则数组和单个数字对象之间的元素广播总是成立。本质而言,元素广播隐含了对数组某些维度上元素的循环操作,其使用使得代码更为简洁和高效。以下代码展示了数组元素广播操作。

```
>>> x = np.array([[ 0,  0,  0], [10, 10, 10],
...               [20, 20, 20], [30, 30, 30]])
>>> v = np.array([0, 1, 2])
>>> x.shape, v.shape
((4, 3), (3,))

>>> x + v
array([[ 0,  1,  2],
       [10, 11, 12],
       [20, 21, 22],
       [30, 31, 32]])
```

以上代码对应的元素广播过程可参考图 4-2 来理解。数组 x 和 v 的形状分别为 (4, 3) 和 (3,)。由于两个数组的维度不同,按照上述元素广播规则,首先把数组 v 的形状扩展为 (1,3)。通过和 x 的形状对比,可见两个数组对象兼容。广播的结果是将数组 v 的第一维(行)复制 4遍,最后与数组 x 逐元素相加。

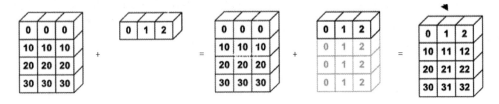

图 4-2 数组广播过程图解

以上例子中隐含的循环操作与下列代码等价。

```
>>> y = np.empty_like(x)
>>> for i in range(4):
>>>     y[i, :] = x[i, :] + v
>>> y
array([[ 0,  1,  2],
       [10, 11, 12],
       [20, 21, 22],
       [30, 31, 32]])
```

4.7 结构数组

表 4-2 中列举的 NumPy 数组元素类型称为基本元素类型。在实际处理数据过程中,常会

遇到与图 4-3 结构类似数据。

```
apple      8     45.6
orange     9     30.5
banana     7     27.8
```

图 4-3　每列数据类型不同的数据例子

以上数据的结构特征是，每一列可以用表 4-2 中的基本元素类型来表示，但列与列之间的数据类型不同。这种结构的数据可以用 NumPy 的结构数组（Structured Arrays）来表示。创建结构数据的核心步骤是创建相应的 dtype 对象。下面以图 4-3 的数据为例，介绍结构数组的创建过程。

```
>>> t = [('apple', 8, 45.6),
...      ('orange', 9, 30.5),
...      ('banana', 7, 27.8)]
>>> dp = np.dtype([('name', 'S6'),
...                ('quantity', 'i4'),
...                ('price', 'f4')]
>>> data = np.array(t, dtype=dp)
```

以上代码首先创建了列表对象 t 来保存图 4-3 中的示例数据，然后创建了自定义的 dtype 对象 dp 来描述图 4-3 中的每一行数据，最后调用 array() 函数时指定了 dtype 关键字参数。在创建 dtype 实例对象时，构造函数的参数为列表。这个列表包含三个元组，每个元组分别包含两个字符串。每个元组用于表示图 4-3 中的一列数据，其中第一个字符串为该列的名字，第二个字符串为该列的元素类型。

结构数组的存取方式与普通数组存在一些差异。首先观察如下代码的运行结果。

```
>>> data.shape
(3,)

>>> data[0]
(b'apple', 8, 45.6)
```

注意数组 data 的形状属性。虽然从形式上看 data 对应的原始数据是二维的，但逻辑上 data 是一维数组对象。取数组第 1 个元素值 data[0]，得到的结果是一个元组对象，表示原始数据一行。从以上结果可以看出，NumPy 将一个 dtype 整体作为数组的元素。由于这里的 dtype 对应原始数据的一行，而原始数据有三行，因此数组 data 包含三个元素。

使用前面介绍的索引和切片操作，可以方便地获取二维数组的某一列数据。由于结构数组的每一行数据是一个整体，无法通过之前介绍的索引和切片操作来取某一列数据，而需要使用创建 dtype 对象时指定的列名来获取结构数组的某一列。以下代码分别演示了从结构数据取一列、多列以及列与列之间数学运算的操作。

```
>>> data['name']
[b'apple' b'orange' b'banana']

>>> data[['name', 'price']]
[(b'apple', 45.6) (b'orange', 30.5) (b'banana', 27.8)]

>>> data['quantity'] *data['price']
[364.79998779  274.5  194.59999466]
```

　　第 7.1.2 节将要介绍的 Pandas 扩展库中的 DataFrame 对象在底层使用结构数组存储实际的数据，因此这里介绍的访问数组元素的方法与 DataFrame 对象访问数组元素的方法类似。

4.8　SciPy 算法库

　　SciPy 是基于 NumPy 的科学运算包，使用 NumPy 提供的多维数组作为基本的数据结构。SciPy 扩展库的包结构如表 4-3 所示，囊括了科学计算中常用的各种算法和函数。在 Python 提供的交互式运行模式下，结合下一章将要介绍的 Matplotlib 扩展库，SciPy 的功能可以替代其他主流的科学计算工具（如 Matlab，Octave 和 SciLab）。由于 SciPy 提供的功能过于庞大，限于篇幅无法进行深入介绍，感兴趣的读者可参阅附录 A 表 A-1 第 7 行中的网页链接。

表 4-3　SciPy 常用功能模块

模块名	描述
scipy. constants	常用的数学和物理常数
scipy. fftpack	快速傅里叶变换函数
scipy. integrate	积分和常微分方程求解
scipy. interpolate	插值和平滑的相关函数
scipy. optimize	函数极值和泛函求解
scipy. io	常用的数据文件读取接口
scipy. linalg	线性代数的相关函数
scipy. ndimage	图像处理函数
scip. signal	信号处理函数
scipy. stats	统计分布和相关函数

第 5 章　　Matplotlib 绘图

　　第 4 章介绍了科学计算中最常用的数据结构——数组在 Python 语言中的表示和用法。本章将继续介绍如何以图形的方式来展示数组数据。数据的图形表示对于揭示数据所蕴含的信息与规律具有特别重要的作用，通常是科学和业务成果最终的体现形式。由于 Python 语言近年来的广泛应用，相应的绘图工具非常丰富。如图 5-1 所示，与 Python 相关的绘图工具包超过 20 种。这些绘图工具可以分为三类：二维/三维图像绘制、基于 OpenGL 的三维动态图像绘制、基于 Javascript 的浏览器交互式图形绘制。图 5-1 显示的所有绘图工具中，Matplotlib 是目前使用最广、功能最全的 Python 绘图工具包。本章将主要介绍 Matplotlib 的组成和使用。

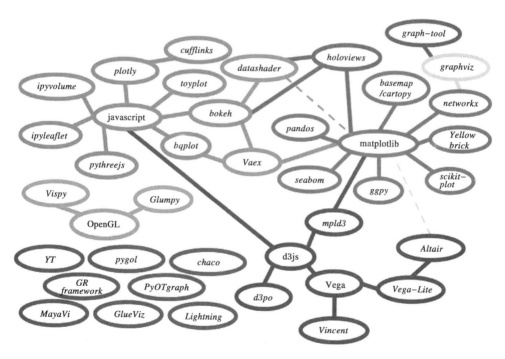

图 5-1　与 Python 语言相关的与常用绘图工具

5.1　Matplotlib 概述

　　Matplotlib 最初由美国神经生物学家约翰·亨特（John D. Hunter）开发，用于绘制和分析他个人工作中的医学图像。在 Matplotlib 出现的早期，Matlab 是当时科学和工程研究中主流的计算和绘图工具。为了方便初学者，Matplotlib 最初的绘图命令模仿 Matlab 进行设计，后来这些绘图命令被独立封装在 matplotlib. pyplot 模块中。使用 pyplot 模块绘制图形时，一些与绘图相关的核心对象（如 5.4 节将要介绍的 Figure 和 Axes 对象）由 Matplotlib 自动管理，因此适合在交互环境中进行少量图形的快速绘制。虽然 pyplot 模块与 Matlab 功能类似，但 Matplotlib 本身完全按照面向对象方式设计开发，因此可以采用不同于 Matlab 的方式绘图。本章将通过实例介绍 Matplotlib 创建图形的两种方式。

5.2　平面绘图基础

　　在介绍具体的绘图命令之前，先简单回顾一下平面图形绘制的一些基本概念。从抽象的角度而言，平面图形的基本构成单元（图元）为点、线、面（或区域）和文字等。这些图元结合一定的属性，如线宽、线型、标记、颜色、字体等，就构成了常见的各种二维图形。Matplotlib 的对象模型按照这一基本思路设计，因此绘制图形分为创建和设置图形元素两个步骤。

　　在介绍绘图命令之前，需要先熟悉 Matplotlib 中如何表示各种与图形相关的属性。在实际绘图过程中，设置各种图元的属性比绘图命令本身更为重要。首先，相对于具体的绘图命令，设置图元属性远比调用绘图命令本身复杂。其次，绘图命令只是决定了图形的大致类型，而图元属性决定了图形的美观性和表达力。本节首先介绍几种通用的图元属性在 Matplotlib 中的表示方法，后面的绘图命令将反复使用这些属性。

5.2.1　颜色

　　颜色是各种图元对象最基本和最重要的属性，特别对于二维填色图形。在 Matplotlib 开发的过程中，有很多关于如何选择默认颜色的讨论。这里首先介绍在 Matplotlib 中表示颜色的多种方式。

- 单字符：如 'b'（蓝色），'g'（绿色），'r'（红色），'c'（青色），'m'（洋红），'y'（黄色），'k'（黑色）。
- HTML/CSS 标准颜色名附录 A 表 A-1 第 8 行：主流的网页浏览器支持的 140 种颜色，如 'Coral'（珊瑚色），'Crimson'（深红色）。
- xkcd 颜色名（附录 A 表 A-1 第 9 行）：xkcd 是美国一部网络漫画的名字，而这里特指漫画作者进行的一次颜色名调查中整理出的 954 个颜色名，如 'teal'（水鸭色）。

- 十六进制颜色值:以井号(♯)开头的三个十六进制数组成的字符串(如'♯rrggbb'),其中 rr、gg 和 bb 分别表示颜色的红、绿和蓝分量。例如,前面介绍的水鸭色'teal'对应的十六进制颜色值为'♯029386'。

- 256 级灰阶:不同的灰阶可以使用 0 到 1 的浮点数对应的字符串表示。如:'0.3','0.5','0.7'等。

- 循环色索引(即'CN'表示法):由字符'C'和数字'0'到'9'组成的字符串(如'C0',…,'C9')。在创建线图的过程中,如果用户未指定线条颜色,Matplotlib 将依次使用这 10 种颜色,而这 10 种颜色具体的颜色值可以通过 Matplotlib 的配置文件设定。Matplot-lib 配置文件将在 5.2.5 节中详细介绍。

- RGB[A]元组:使用包含三个或四个浮点数(0~1)的元组对象来表示任意的颜色值,这是表示颜色最通用和直接的方法。

需要注意的是,这里仅介绍了单个颜色值的表示方式。对于二维数据的填色图绘制,通常需要指定一个颜色序列(也就是多个颜色值)。这时需要使用 Matplotlib 中 cm 模块的相关功能,该模块详细介绍请参阅附录 A 表 A-1 第 10 行。

5.2.2　标记

对于后面将要介绍的线图和散点图命令,可以在数据点对应的位置显示各种标记。Mat-plotlib 中常用的标记及其字符表示方式如表 5-1 所示。

表 5-1　Maplotlib 常用标记及其字符表示

标记	说明	标记	说明	标记	说明	标记	说明
"."	点	"+"	加号	","	细点	"x"	十字形
"o"	圆圈	"D"	菱形	"d"	细菱形	"＊"	星形
"8"	八边形	"s"	方形	"p"	五角形	"P"	加号
"<"	左三角	">"	右三角	"^"	上三角	"v"	下三角

5.2.3　线条

对于简单线图和等值线等图形类型,通常需要设置线条的属性。线条的属性主要包括:颜色、线宽和线型等。颜色的表示在 5.2.1 节中已介绍,而线宽则以浮点数表示。表 5-2 列举出了 Matplotlib 中常用的线型。

表 5-2   Matplotlib 常用线条样式

标记	说明	标记	说明
'－'或'solid'	实线	'：'或'dotted'	点线
'－－'或'dashed'	虚线	'None'	不划线
'－.'或'dashdotted'	点划线	' '	不划线

5.2.4 文字

绘图过程中通常需要对坐标轴、标题和特定数据进行文字标注。与文字显示相关的属性包括字体(fontfamily)和字号(fontsize)。在 Matplotlib 中设置字体通常不直接指定字体的具体名字,而是从五种字体类别('serif','sans-serif','cursive','fantasy','monospace')中选择一种。每一种类别在 Matplotlib 的配置文件中对应多个字体名。Matplotlib 按照顺序查找并使用选定类别的第一个可用字体。字号可以直接使用数字表示,或使用字符串('small','medium','large'等)表示的相对大小。相对大小以 Matplotlib 配置文件中设置的默认字体大小为基准。Matplotlib 配置文件将在 5.2.5 节中详细介绍。

Matplotlib 默认的字体类别仅支持英文字符的显示,如果在绘图过程中需要直接显示中文,可使用 Matplotlib 提供的 font_manager 手动指定具体的字体。

```
>>> import sys
>>> from matplotlib.font_manager import FontProperties
>>> if sys.platform =='darwin':
>>>     fname ='/System/Library/Fonts/STHeiti Light.ttc'
>>>     zhfont = FontProperties(fname= fname)
>>> elif sys.platform =='win32':
>>>     fname = r'C:\Windows\Fonts\msyh.ttc'
>>>     zhfont = FontProperties(fname= fname)
```

以上代码使用 sys 模块的 platform 判断当前操作系统的类型,相应地加载中文字体文件。对于后续绘图过程中的文字绘制命令,指定 fontproperties 为这里创建的 zhfont,即可正常显示中文。

5.2.5 默认属性

对于实际的二维图形,即使是最简单的线图,也由多个线、面和文字等对象构成。因此如果绘制这样简单的图形也需要逐一设置每个图元对象的属性,将会极其繁琐耗时。为了简化绘图操作,Matplotlib 为所有的图元对象提供了默认的属性,当用户未设置图元对象的某一属性时将使用其默认值。Matplotlib 按照如下顺序查找名为 matplotlibrc 的文件,并从中读取绘图对象的默认属性。

（1）用户当前的工作目录。

（2）环境变量 MATPLOTLIBRC 指向的目录。

（3）Matplotlib 默认的配置文件目录。该目录的位置与具体的操作系统相关。在 Linux 系统中通常为 USER_HOME/.config/matplotlib，其他操作系统为 USER_HOME/.matplotlib。这里的 USER_HOME 表示用户的家目录。

（4）MPL_INSTALL/matplotlib/mpl-data。这里的 MPL_INSTALL 表示 Matplotlib 的安装目录。

使用如下代码可以查看当前使用的 matplotlibrc 文件位置。

```
>>> import matplotlib as mpl
>>> mpl.matplotlib_fname()
'/Users/xtang/.matplotlib/matplotlibrc'
```

注意 matplotlibrc 中的设置对于当前系统中所有的图形都有效。但是如果仅需要临时修改图形部分属性的设置，可以使用 Matplotlib 提供的样式表（style sheets）。样式表是 Matplotlib2.0 版本正式引入的一种图元属性设置方法，它提供了多组美观和一致的图形风格设置供用户选择。样式表的相关功能位于 Matplotlib.pyplot 的 style 模块，以下代码显示了查看和设置样式表的方法。

```
>>> import matplotlib.pyplot as plt
>>> print(plt.style.available)
['bmh', 'classic', 'dark_background', 'fast', 'fivethirtyeight', 'ggplot', 'grayscale', 'seaborn-bright', 'seaborn-colorblind', 'seaborn-dark-palette', 'seaborn-dark', 'seaborn-darkgrid', 'seaborn-deep', 'seaborn-muted', 'seaborn-notebook', 'seaborn-paper', 'seaborn-pastel', 'seaborn-poster', 'seaborn-talk', 'seaborn-ticks', 'seaborn-white', 'seaborn-whitegrid', 'seaborn', 'Solarize_Light2', 'tableau-colorblind10', '_classic_test']

>>> plt.style.use('seaborn-white')
```

5.3　绘制线图

Matplotlib 是一个庞大的 Python 扩展库，其中包含上百种常用图形的绘制函数。尽管绘图命令多，但绘图的基本流程一致。本节先以最常用、最简单的线图为例介绍 Matplotlib 的绘图流程，为后面介绍 Matplotlib 的对象模型和复杂图形做铺垫。

Matplotlib 中绘制线图使用 plot() 函数，其原型如下。

```
plot(*args,scalex=True,scaley=True,data=None,**kwargs)
```

从前面 2.4.3 节中函数参数的相关介绍可知，从语法角度 plot() 函数可以接收任意多个位置和关键字参数。Matplotlib 大部分绘图函数都使用这种可变个数参数的设计。尽管如此,这并不表示 plot()函数可以绘制任意传入的数据,仍然需要按照正确的逻辑传入参数,才能得到预期的图形。传入数据的结构对于线图和等值线等图形类型而言是较为显然的,但是柱状图和直方图等对于其他的图形类型,需要特别注意传入数据的结构。

绘制线图最基本的数据为两个一维的序列,分别表示线图各点的 x,y 坐标,对应 plot()函数的调用形式如下。

```
plot([x], y)
```

这里的 y 为需要显示的数据,x 为对应数据点的坐标信息。序列 x 可以省略,当省略 x 时,其值由 Matplotlib 按下面的方式计算 x=range(len(y))。

5.3.1   基本图形

以下代码绘制了 2008 年第 16 号台风"黑格比"中心最大风速随时间的变化。其中 time 为台风中心定位的时间,vmax 为对应时刻台风中心的最大风速。与代码对应的图形如图 5-2 所示。

```
>>> recs = np.load('data/ch5/track_data.npy',allow_pickle=True)
>>> plt.plot(recs['Time'], recs['VMAX'])
>>> plt.show()
```

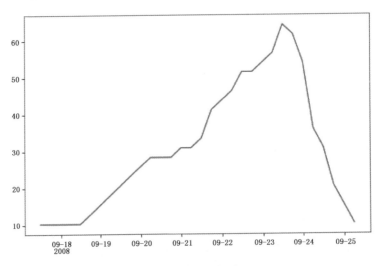

图 5-2   plot 命令绘制的最基本线图

以上代码调用了 pyplot 模块中的 plot()和 show()两个函数,其中 plot()函数用于绘制最大风速数据,show()函数仅用于将图形显示出来。特别需要注意的是,尽管以上代码仅为 plot()函数提供了最基本的参数,但图 5-2 不仅包含了最大风速对应的曲线(以及默认的属性),还包含了完整的坐标轴、标签等信息。除最大风速之外的信息都由 matplotlib 自动添加,这些图形信息的默认设置存放在 Matplotlib 的默认配置文件 matplotlibrc 里。用户运行以上代码显示图形的属性可能与图 5-2 不完全一致，这是因为不同系统下安装的 matplotlibrc 文件的内容不同。

5.3.2　设置图形对象属性

plot()函数的 kargs 参数用于对创建的图元对象进行属性设置。plot()函数创建的图形对象为线条，其主要属性如表 5-3 所示。

表 5-3　线条对象的主要绘图属性

参数名	缩写	属性名
color	c	线条颜色
linewidth	lw	线宽
linestyle	ls	线样式
marker	m	标记类型
markersize	ms	标记大小

以下代码使用中表 5-3 的关键字参数来设置图 5-2 中的最大风速曲线，代码运行的结果如图 5-3 所示。

```
>>> plt.plot(recs['Time'], recs['VMAX'], c='r', lw=1.5,
...          ls='dashed', marker='o', ms=8)
>>> plt.show()
```

5.3.3　添加说明信息

图 5-3 仍然缺少图例、坐标轴名称和图形标题等重要信息。以下代码演示了如何添加上述信息，其运行结果如图 5-4 所示。

```
>>> plt.plot(recs['Time'], recs['VMAX'], c='r', lw=1.5,
...          ls='dashed', marker='o', ms=6, label='VMax')
>>> plt.xlabel('Date (month-day)', fontsize=10)
>>> plt.ylabel('Wind speed (m/s)', fontsize=10)
>>> plt.legend(loc=1, fontsize=10)
>>> plt.title('Hagupit 2008', fontsize=12)
>>> plt.show()
```

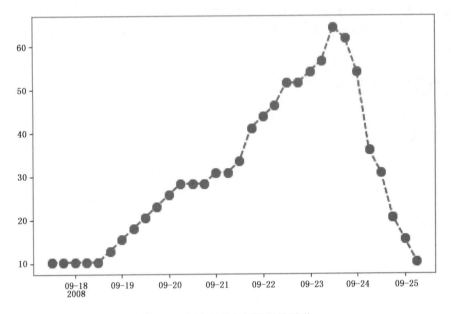

图 5-3　调整线对象属性后的图形

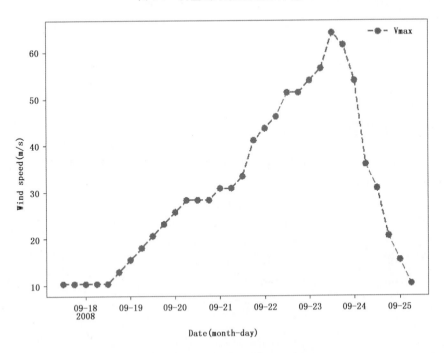

图 5-4　添加文字标注信息后的线图

这里的函数 xlabel()和 ylabel()分别用于设置 x 和 y 轴的名称,其中第一个参数为名称字符串,第二个关键字参数用于设置字体属性。legend()函数用于添加图例,注意图例的信息通过 plot()函数的 label 参数设定。legend()函数的第一个参数 loc 用于指定图例显示的位置,当不设置该参数时 Matplotlib 将自动选择合适的位置。最后一个函数 title 用于设置图片的标题,其参数的意义与 xlabel()和 ylabel()函数类似。

以上代码添加的信息都可以理解为图形数据的说明信息。除了以上添加的这些说明信息之外,比较常用的是对图形中的某个点进行标记和说明,这时需要用到 pyplot 模块下的 anno-tate()函数。annotate()函数的参数较多,下面以具体的例子来进行说明。

```
>>> t, v = recs['Time'], recs['VMAX']
>>> plt.plot(t, v, c='r', lw=1.5, ls='dashed',
...          marker='o', ms=6, label='VMax')
>>> plt.xlabel('Date (month-day)', fontsize=10)
>>> plt.ylabel('Wind speed (m/s)', fontsize=10)
>>> plt.legend(loc=1, fontsize=10)
>>> plt.title('Hagupit 2008', fontsize=12)
>>> plt.axvline(t[18], color='0.7', linestyle='--', lw=2)
>>> plt.annotate('ELDORA', xy=(t[18], v[18]),
...          xycoords='data', xytext= (-70, +20),
...          textcoords='offset points', fontsize=12,
...          arrowprops=dict(facecolor='m', shrink=0.005))
>>> plt.show()
```

对比图 5-5 和图 5-4 可以看出,annotate()函数添加了文字和箭头两种信息。第一个参数用于指定标注文字,参数 xy 表示所需标注数据点的坐标,xycoords 表示坐标的单位。xytext 表示标注文字相对于数据点的坐标,textcoords 表示 xytext 坐标的单位。fontsize 用于设置标注文字的字体大小。最后的 arrowprops 参数用于设置箭头的属性,注意该参数为一个字典。

5.3.4　保存图形

假设图 5-5 的结果令人满意,绘图的最后一个步骤则是将结果以图片的形式保存下来。从 Matplotlib 内部运行的流程而言,一个完整的绘图过程可以分为"前端"(frontend)和"后端"(backend)两个部分。其中前端是指调用绘图命令生成图元对象并设置其属性的过程,而后端是将这些图元对象显示到某种介质上。显示图形的介质可以是显示器,也可以是各种类型的图片文件。Matplotlib 这种前后端分离的设计使其能够支持多种形式的图像输出,如栅格图、矢量图片和交互式 Web 图像等。

pyplot 模块中保存图像的函数为 savefig(),其函数原型如下。

```
plt.savefig(fname, dpi=None)
```

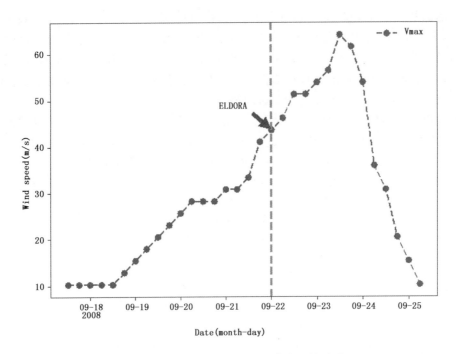

图 5-5　对特定数据点添加标注信息后的图形

这里的 fname 为保存图像的路径名，dpi 为栅格图像的分辨率（点每英寸*）。fname 的后缀决定了输出图像的类型，常见的后缀如".jpg"".png"".bmp"".tiff"为栅格图像，而".svg"".pdf"和".ps"等为矢量图像。在图 5-5 对应的最后一行代码 plt.show()之前添加如下的语句。

```
>>> plt.savefig('test.png', dpi=300)
>>> plt.savefig('test.pdf')
```

就可以得到与图 5-5 对应的两种格式的图像输出。

5.4　Matplotlib 绘图对象

上一节中绘制的线图仅用到了 pyplot 模块下的函数，未涉及与绘制图形相关的对象概念。使用 pyplot 绘图较为便捷，但它掩盖了 Matplotlib 基于对象设计这一本质。本节将介绍 Matplotlib 中与平面图形相关的对象概念。

Matplotlib 创建的二维图形从本质上而言是一系列相互关联的对象。这些构成二维图形的对象从概念上可以分为**框架对象**和**图元对象**两种。框架对象主要包括 Figure，Axes，Axis

---

＊　1 英寸(in)＝2.54 cm。

等,而图元对象包含 line,text,patch,path 等。从 Python 代码的角度而言,以上这些绘图对象都从艺术家(artist)类继承。框架对象主要作为其他对象的容器,并为图形提供说明信息,而图元对象主要用于表示实际的数据。框架对象之间有严格的从属关系,而图元对象之间相互独立。图 5-6 显示了一幅 Matplotlib 创建的示例图像,图中标注了 Matplotlib 常用的图形对象。本节后续内容将详细介绍这些图形对象。

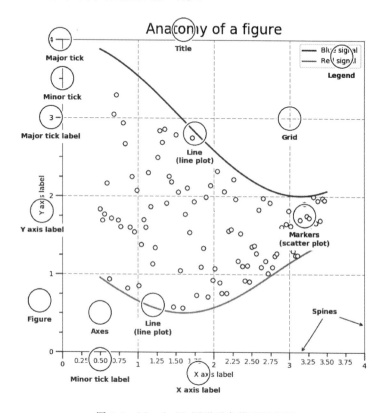

图 5-6　Matplotlib 图形对象模型示意图

5.4.1　画布对象

画布(Figure)是 Matplotlib 中最基本的绘图对象,它对应图形最大的输出范围。画布是其他一切绘图对象的父对象,在使用 Matplotlib 进行绘图前,需要首先创建画布对象。使用 pyplot 接口创建 Figure 对象的常见方式如下。

```
>>> import matplotlib.pyplot as plt
>>> plt.figure()
```

而使用面向对象方式创建 Figure 对象的代码如下。

```
>>> from matplotlib.figure import Figure
>>> fg = Figure()
```

上面两种创建方式中,函数 plt. figure()和构造函数 Figure()都接受表 5-4 中的几个主要关键字参数。

表 5-4　Figure 对象常用参数

参数名	默认值	描述
figsize	figure. figsize	画布大小(宽、高),单位英寸
dpi	figure. dpi	分辨率,单位点每英寸
facecolor	figure. facecolor	背景色
edgecolor	figure. edgecolor	边框颜色

5.4.2　子图对象

画布对象是其他绘图对象的父对象,但它本身并不包含实际的绘图命令,因此不能用于创建各类有用的图形。Matplotlib 的子图对象(Axes)是绘制用户数据的主要对象。子图对象对应画布对象中的一个绘图区域,因此一个画布对象可以包含多个子图对象,这些子图对象保存在画布对象的 axes 属性里。常用的二维图形类型,如线图(plot)、柱状图(bar)、箱线图(box)、等值线图(contour)和散点图(scatter)等都是 Axes 对象的方法。在 5.5 节中将详细介绍这些常用二维图形的绘制方法。

5.4.3　坐标轴对象

坐标轴(Axis)对象用于对数据的时空属性进行标注。从图 5-6 可以看出,坐标轴对象是子图对象的子对象。每一个子图对象包含 xaxis 和 yaxis 两个坐标轴对象,分别对应 x 轴和 y 轴。通过坐标轴对象可以修改 x,y 轴标注的位置、间隔和对应文字。坐标轴对象在创建子图对象时由 Matplotlib 自动创建,用户仅需要在创建子图对象后,通过调用对应函数或方法来修改坐标轴的属性。

5.4.4　图元对象

除了以上这三种图形框架对象,实际数据通常是由一些图元对象表示,如点(marker)、线(line)、多边形(patch)、文字(text)等。子图对象提供的各种绘图方法本质而言是根据用户数据创建不同类型的图元对象,并添加到对应的子图对象。

5.4.5　面向对象绘制

在介绍了 Matplotlib 常用的绘图对象之后,可以使用面向对象的方式来重新创建图 5-5。

```
>>> fg = plt. figure()
>>> ax = fg. add_subplot(111)
>>> ax. plot(recs['Time'], recs['VMAX'], c='r', lw=1.5,ls='dashed',
...     marker='o', ms=6, label='VMax')
```

```
>>> ax.set_xlabel('Date (month-day)', fontsize=10)
>>> ax.set_ylabel('Wind speed (m/s)', fontsize=10)
>>> ax.legend(loc=1, fontsize=10)
>>> ax.set_title('Hagupit 2008', fontsize=12)
>>> ax.annotate('ELDORA', xy=(recs['Time'][18], recs['VMAX'][18]),
...         xycoords='data', xytext=(-70, +20),
...         textcoords='offset points', fontsize=12,
...         arrowprops=dict(facecolor='m', shrink=0.005))
>>> fg.show()
```

以上第 2 行代码 plt.figure()函数创建了画布对象并赋值给名字 fg。第 3 行代码使用画布对象的 add_subplot()函数创建了子图对象。从第 4 行代码开始,分别调用了子图对象的多种方法创建了最大风速对应的线条,并添加各种说明信息。最后一行代码将绘图的结果显示到屏幕上。这种调用 Axes 对象方法(而不是 pyplot 模块函数)的绘图形式明确了各种绘图对象之间的关系,有利于深入地理解 Matplotlib 的对象模型。本书后续的章节将统一使用这种面向对象的方式绘制图形。

5.5　常用图形绘制

本节内容将以面向对象的方式,绘制气象业务和科研中常见的二维图形。与 5.3 节绘制线图的流程类似,使用 Matplotlib 绘制各类图形遵循以下 4 个步骤。第一从 Axes 对象选择合适的绘图方法;第二,按方法的说明准备数据并创建图元对象;第三,设置图元对象属性并添加各种说明信息;最后,选择合适的图像格式将绘图结果保存磁盘文件。

5.5.1　等值线图

绘制等值线和填色等值线分别使用 Axes 对象的 contour 和 contourf 方法,由于这两个方法的参数基本一致,因此在这里一并介绍。这两个方法的基本调用形式如下。

```
contour([X, Y,] Z, [levels], **kwargs)
contourf([X, Y,] Z, [levels], **kwargs)
```

其中参数 Z 为需要绘制的二维数组,X 和 Y 为数组 Z 的坐标数据,levels 为等值线数值。X 和 Y 可以为一维或者二维数组。当 X 和 Y 为一维数组时,须满足 $len(x) == Z.shape[1]$ 和 $len(y) == Z.shape[0]$ 的条件。而当 X 和 Y 为二维数组时,X、Y 和 Z 的形状必须一致。

以下代码演示了等值线和填色等值线的绘制方法,首先利用 NumPy 的函数创建一组模拟数据。

```
>>> delta = 0.025
>>> x = np.arange(-3.0, 3.0, delta)
>>> y = np.arange(-2.0, 2.0, delta)
```

```
>>>  X, Y = np.meshgrid(x, y)
>>>  Z1 = np.exp(-X**2 - Y**2)
>>>  Z2 = np.exp(-(X - 1)**2 - (Y - 1)**2)
>>>  Z = (Z1 - Z2) * 2
```

然后创建画布和子图对象,并使用子图对象的 contourf() 和 contour() 方法绘制等值线。

```
>>>  fg, ax = plt.subplots()
>>>  lvl = np.arange(- 2., 2.1, 0.4)
>>>  qs = ax.contourf(X, Y, Z, levels=lvl, cmap='RdBu_r')
>>>  cs = ax.contour(X, Y, Z, levels=lvl, colors='k')
```

最后添加等值线标注和颜色条并显示图形(图 5-7)。

```
>>>  ax.clabel(cs, fontsize=8, fmt='%.1f')
>>>  fg.colorbar(qs)
```

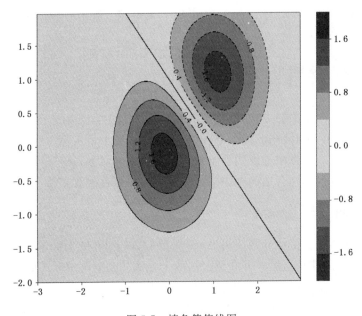

图 5-7　填色等值线图

填色等值线图最重要的图形属性为等值线间隔和填充色。等值线间隔通过参数 levels 设定,可以是一整数或者序列。当 levels 为整数 n 时,Matplotlib 将数组 Z 的数值范围等分为 n 份。而当 levels 为序列时,将显示序列中数值对应的等值线。填充色由参数 cmap 或者 colors 控制,当同时传入两个参数时,将使用 colors 的值。参数 colors 可以为一个颜色字符串(参见 5.2.1 节)或颜色字符串序列。而参数 cmap 可以是预定义的颜色字符串或者用户创建的 cmap 对象。contour() 方法支持类似的参数。由于 contour 创建的是线条图元,参数 colors 用于指定等值线的颜色。

注意在绘制等值线时,分别使用 qs 和 cs 保存了 contourf 和 contour 的返回值。单独调用 contour 方法绘制的图形不包含等值线上的数值标注,需要保留 contour 方法的返回值作为子图对象 clabel 方法的参数为等值线添加标注。clabel 方法的基本调用形式如下。

```
clabel(cs,[levels,]**kargs)
```

其中,cs 为 contour 方法的返回值。levels 为需要标注的等值线值,它必须是调用 contour 方法时指定的 levels 参数的子集。以上例子中的 fontsize 和 fmt 分别用于设定标注文字的字体大小和数值的格式化方式。

为了建立颜色和数值的对应关系,填色类型的二维绘图命令(如 contourf,pcolor,pcolormesh 和 image 等)通常需要绘制颜色条。从上例的代码可以看出,绘制颜色条的函数是画布对象(而非子图对象)的方法,这是因为颜色条本身也是一个 Axes 对象。colorbar 函数的基本调用形式如下。

```
colorbar(qs,[ax=ax,]**kargs)
```

其中,参数 qs 为上述填色类型二维绘图命令的返回值,ax 为子图对象或者子图对象列表。当指定 ax 参数时,将从参数对应的子图分配绘图空间给颜色条,否则将自动从 qs 对应的子图对象中分配绘图空间。kargs 对应常用的关键字参数如表 5-5 所示。

表 5-5　colorbar 常用参数说明

参数名	说明
orientation	颜色条绘制方向(vertical 或 horizontal)
fraction	颜色条占子图对象宽度的比例
pad	颜色条和子图对象之间的间隔
shrink	颜色条缩放比例

5.5.2　矢量箭头

上一节绘制等值线使用的数据称为标量数据,气象学等相关物理学科中经常需要绘制由两个变量组成的矢量。表示矢量最常见的图形为箭头。子图对象的 quiver 方法用于绘制矢量箭头,常用的调用方式如下。

```
quiver([X, Y, ]U, V, [C,]**kargs)
```

quiver()方法的参数与前述的 contourf()等用于绘制二维数据的方法类似,包括可选的坐标数组和通过关键字参数提供的属性设置。以下代码演示了二维箭头图的绘制过程。

```
>>> X, Y = np.meshgrid(np.arange(0, 2 * np.pi, .2),
...                    np.arange(0, 2 * np.pi, .2))
>>> U = np.cos(X)
>>> V = np.sin(Y)
>>> fg, ax = plt.subplots()
>>> Q = ax.quiver(X, Y, U, V, units='width')
```

```
>>> qk = ax.quiverkey(Q, 0.9, 0.97, 2, r'$ 2 m s^{-1}$ ',
...                    labelpos='E', coordinates='figure')
>>> plt.show()
```

以上代码前三行创建一组模拟矢量数据,第五行代码用于创建矢量箭头。注意调用 quiver() 函数时传入的 units 参数,该参数用于指定箭头除长度之外其他维度的大小。这里传入的 'width' 表示箭头的尺寸相对于坐标轴水平方向大小。该参数其他可用值可查阅该方法的说明文档。

为了建立箭头长度和矢量数值大小的对应关系,需要对某一具体大小的箭头进行标注。这就需要使用子图对象的 quiverkey() 方法。quiverkey() 方法的基本调用形式如下。

```
quiverkey(Q, X, Y, U, label, **kargs)
```

其中,Q 为 quiver() 方法的返回值,X 和 Y 为绘制标注的坐标,U 和 label 分别为箭头对应的数值大小和文字标签,kargs 用于指定标注的其他属性(图 5-8)。以上例子使用的 labelpos 和 coordinates 分别用于指定标注的相对位置和坐标单位。

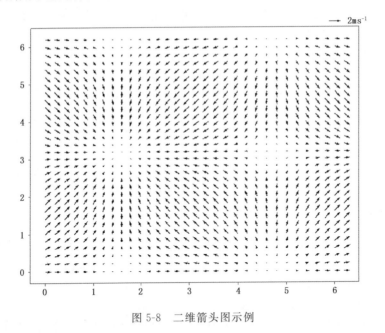

图 5-8　二维箭头图示例

5.5.3　风羽图

气象中绘制风场的另一种常用图形是风羽图。风羽图的基本构成如图 5-9 所示,包括一条随风向旋转的直线和由该直线延伸出的长短两种线条和三角形。从长直线延伸出的长短两种线条分别表示 2.5 和 5 m/s 的风速,而三角形表示 25 m/s 的风速。这三种图形可以叠加,从而表示精确到 2.5 m/s 的任意风速。

图 5-9　标准风羽图示意图，风速单位为"节"（1 节≈0.514 m/s）

子图对象的 barbs 方法用于绘制风羽图，其常用的调用方式如下。

```
barbs([X, Y], U, V, [C], **kargs)
```

注意其参数形式与 quiver 方法完全一致。由于两种方法绘制的图元对象并不相同，因此可用的关键字参数也不一样。下面的代码使用与图 5-8 相同的数据来绘制风羽图。

```
>>> X, Y = np.meshgrid(np.arange(0, 2 * np.pi, .2),
...                     np.arange(0, 2 * np.pi, .2))
>>> U = np.cos(X) * 20
>>> V = np.sin(Y) * 20
>>> fg, ax = plt.subplots()
>>> Q = ax.barbs(X[::2, ::2], Y[::2, ::2], U[::2, ::2],
...              V[::2, ::2], length=5, sizes={'spacing': 0.22})
>>> plt.show()
```

在调用 barbs 方法时，先利用数组的切片操作对输入数据进行了"稀疏化"，这样操作的目的是避免由于绘图区域大小的限制导致图元对象过于密集。除了输入坐标和风场数据之外，还指定了两个关键字参数 length 和 sizes。其中 length 用于设置风羽杆的长度（单位为点数），而 sizes 用于修改风羽杆上各种绘图要素的属性。这里利用 spacing 键修改了表示风速大小的各要素的间距（图 5-10）。

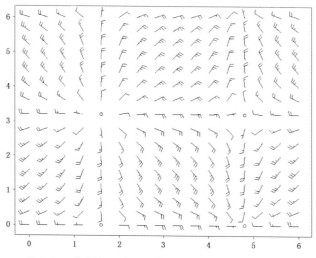

图 5-10　使用 Matplotlib 的 barbs 函数绘制的风羽图

5.5.4　箱线图

箱线图(Boxplot)也称箱须图(Box-whisker Plot)，是利用数据中的五个统计量：最小值、第一四分位数、中位数、第三四分位数与最大值来描述数据的一种方法。它也可以粗略地看出数据是否具有对称性、分布的分散程度等信息，可以用于比较多个样本的统计特征。子图对象绘制箱线图的方法为 boxplot()，其常用的调用形式如下。

```
boxplot(x, **kargs)
```

其中 x 为一序列，序列的每个元素表示一个样本集合，因此 x 可以理解为嵌套的序列。kargs 用于设置箱线图的各种属性，常用的属性如表 5-6 所示。

表 5-6　箱线图常用属性

参数名	说明
sym	异常值的标记类型，参见 5.2.2
whis	"须"延伸的长度，参见 5.2.3
boxprops	"箱"部分属性设置，参见 5.2.3
whiskerprops	"须"部分属性设置，参见 5.2.3
capprops	"须"顶部横线的属性设置，参见 5.2.3
flierprops	异常值标记的属性设置，参见 5.2.2

以下代码演示了箱线图的绘制过程，其结果如图 5-11 所示。

```
>>> np.random.seed(19680801)
>>> all_data = [np.random.normal(0, std, 100) for std in range(6, 10)]
>>> fg, ax = plt.subplots(nrows=1, ncols=1)
>>> ax.boxplot(all_data, sym='^',
...     labels=['G1', 'G2', 'G3', 'G4'],
...     boxprops={'color': 'C0'},
...     whiskerprops={'linestyle': ':'},
...     capprops={'color':'k'},
...     flierprops={'markerfacecolor': 'r',
...       'markeredgecolor': 'None'})
>>> ax.set_title('Box plot')
>>> ax.set_xlabel('Samples')
>>> ax.set_ylabel('Values')
>>> plt.show()
```

图 5-11 中的箱线图由四个部分组成。第一部分为长方形，它的上下界分别表示第三(Q3)和第一(Q1)个四分位数，长方形中间的横线表示中位数。第二部分为蓝色长方形向上下延伸的两条虚线，他们的长度分别为 $Q1-1.5\times(Q3-Q1)$ 和 $Q3+1.5\times(Q3-Q1)$，系

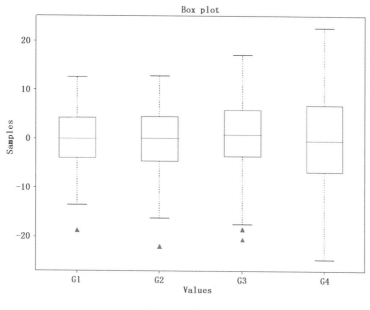

图 5-11　箱线图示例

数 1.5 可以通过表 5-6 中的参数 whis 设置。第三部分为上下两条虚线顶端的横线,表示最大和最小非异常值的范围。两条横线之外的黑色三角形标记是箱线图的第四部分,表示数据中的异常值。表 5-6 中的后四个参数分别用于设置箱线图这四部分的图形属性。

5.6　地图绘制

　　气象数据通常是时空的变量,其包含的地理信息对于分析和理解气象数据具有重要作用。因此对于这类数据,在绘图时通常需要叠加相应的地理信息数据,以便读者了解数据所在的空间位置。Matplotlib 目前包含两种绘制地图的工具包,他们在设计和使用上存在一定的差异,下面分别进行介绍。

5.6.1　Basemap 地图绘制

　　Basemap 是最早用于绘制地图的 Matplotlib 工具包,由美国国家大气研究中心的科学家 Jeff Whitaker 编写,早期主要用于天气和气候模式数据的绘图。Basemap 提供了与 Matlab 的地图工具包、GrADS、NCL 和 CDAT 等地图绘制工作相似的功能。Basemap 本身并不提供实际的绘图功能,它仅仅使用开源的 Proj. 4 库对数据进行投影转换,再调用 Matplotlib 进行实际绘图。Basemap 自带了全球低分辨率的地理信息数据(海岸线、行政边界、河流等)和背景图片。

Basemap 将坐标转换和绘图功能包装在 Basemap 类中。使用 Basemap 绘制地理数据可以分为如下四个步骤:第一,创建 Basemap 类的实例,设置地图投影;第二,绘制地图背景和经纬度参考线;第三,绘制数据;第四,选择合适的图像格式保存绘图结果。

创建地图对象

为了支持多种地图投影,Basemap 类的构造函数包含 35 个默认值参数。在使用某一种具体的地图投影时,仅需要设置部分参数。因此这里不逐一介绍 Basemap 构造函数的全部参数,而是以气象常用的几个投影类型为例,具体讲解 Basemap 实例的创建过程。读者需要使用其他投影类型时,可参阅 Basemap 的官方文档。

中纬度地区最常用的地图投影是兰勃特等角圆锥投影(Lambert Conformal Conic),下面的代码展示了创建该投影 Basemap 实例的过程。

```
>>> import matplotlib.pyplot as plt
>>> from mpl_toolkits.basemap import Basemap
>>> m = Basemap(projection='lcc', width=5600e3, height=4500e3,
...             lon_0=105, lat_0=36, lat_1=60, lat_2=20)
```

Basemap 构造函数中的 projection 参数用于指定投影名称。构造函数其他参数的设置与具体的投影相关。对于兰勃特投影,需要设置的基本投影参数如表 5-7 所示。

表 5-7　兰勃特投影基本参数

参数名	描述	备注
width	地图投影区域的宽度	单位:m
height	地图投影区域的高度	单位:m
lon_0	投影区域中心点经度	
lat_0	投影区域中心点纬度	
lat_1	投影区域与地球相交位置的纬度	
lat_2	投影区域与地球相交位置的纬度	

对于赤道和低纬度地区,气象中常用墨卡托投影(Mercator Projection)。如下代码创建了墨卡托投影的 Basemap 对象。

```
>>> import matplotlib.pyplot as plt
>>> from mpl_toolkits.basemap import Basemap
>>> m = Basemap(projection='merc', resolution='l', llcrnrlat=5,
...             urcrnrlat=45, llcrnrlon=90, urcrnrlon=150,
...             lat_ts=20)
```

墨卡托投影的基本参数如表 5-8 所示。

表 5-8　墨卡托投影基本参数

参数名	描述
llcrnrlon	地图左下角经度
llcrnrlat	地图左下角纬度
urcrnrlon	地图右上角经度
urcrnrlat	地图右上角纬度度

　　对于高纬度地区而言,主要使用的地图投影为极射赤面投影。如下的代码创建了极射赤面投影的 Basemap 对象。

```
>>> import matplotlib.pyplot as plt
>>> from mpl_toolkits.basemap import Basemap
>>> m = Basemap(projection='stere', width=8000e3, height=8000e3,
...             lon_0=106., lat_0=60, lat_ts=50)
```

创建极射赤面投影的基本参数如表 5-9 所示。

表 5-9　极射赤面投影基本参数

参数名	描述
width	地图宽度(单位:m)
height	地图高度(单位:m)
lon_0	地图中心经度
lat_0	地图中心纬度
lat_ts	地图真实比例所在纬度

绘制地图背景

　　Basemap 的地图背景方法分为三类:图像信息、边界信息和经纬度线。其中图像信息包含如下几种主要方法。

- bluemarble():绘制美国国家航空航天局(NASA)航天飞机拍摄的地球图片。
- shadedrelief():绘制 www.shadedrelief.com 提供的地貌晕渲图。
- etopo():绘制由美国大气海洋局提供全球地形和海洋深度晕渲图(约 1.5 km 分辨率)。

　　以下的代码演示了这三种图像地图背景的差异,绘图的结果如图 5-12 所示。

```
>>> import matplotlib.pyplot as plt
>>> from mpl_toolkits.basemap import Basemap
>>> def get_map(ax):
>>>     m = Basemap(projection='lcc', resolution='l',
...             width=1000e3, height=800e3, lon_0=112,
...             lat_0=31, lat_1=30, lat_2=32, ax=ax)
>>>     m.drawcountries(color='0.', linewidth=.5)
```

```
>>>        m.readshapefile('data/map/bou2_4l', 'bou2_4',
...                        linewidth=0.5)
>>>        return m
>>> fg, axs = plt.subplots(1, 3, figsize=(9, 3))
>>> bkg_types = ['bluemarble','shadedrelief','etopo']
>>> for i, bkg in enumerate(bkg_types):
>>>        m = get_map(axs[i])
>>>        getattr(m, bkg)()
>>>        axs[i].set_title(bkg)
```

图 5-12　Basemap 三种背景图像比较

常用的边界信息绘制命令如下。

- drawcoastlines():绘制海岸线。
- drawcountries():绘制国界。
- drawrivers():绘制河流。

以上命令本质上都创建了表示相应边界的 Line2D 对象,因此都可以设置如下三个常用的属性。

- linewidth：边界线宽。
- linestyle：边界线样式。
- color：边界颜色。

在 basemap 中创建经度和纬度参考线使用如下两个方法。

- drawparallels(circles, labels=[0, 0, 0, 0], **kwargs)。
- drawmeridians(meridians, labels=[0, 0, 0, 0], **kwargs)。

这里的 circles 和 meridians 为序列对象,分别包含需要绘制的经纬度数值。labels 参数用于控制是否在图像的 4 个边界添加文字标签,列表中四个数字分别表示图像的左侧、右侧、顶部和底部,数字 0 或者 1 表示是否绘制文字标签。最后的 kwargs 用于设置文字标签的文字信息。以下的代码在图 5-12 的基础上添加并设置了经纬度线,对应的绘制结果如图 5-13 所示。

```
>>> import matplotlib.pyplot as plt
```

```
>>> from mpl_toolkits.basemap import Basemap
>>> m = Basemap(projection='lcc', resolution='l', width=1000e3,
...                 height=800e3, lon_0=112, lat_0=31, lat_1=30,
...                 lat_2=32)
>>> m.drawcountries()
>>> m.readshapefile('data/map/bou2_4l', 'bou2_4', linewidth=0.5)
>>> kw = {'size': 6, 'color': '0.5'}
>>> m.drawparallels(range(23, 40, 2), labels=[1, 0, 0, 0], **kw)
>>> m.drawmeridians(range(109, 112, 3), labels=[0, 0, 0, 1], **kw)
```

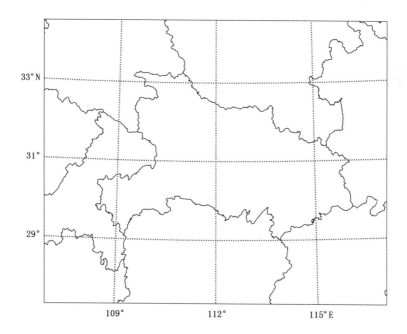

图 5-13　添加边界信息后的中国中部区域地图

　　由于中国行政边界的特殊形状,通常需要在地图的右下角添加小窗口以便显示完整的国界。对 Matplotlib 的绘图对象模型而言,这个小窗口是一个与底图相关联的子图对象,小窗口对应的图形是原始底图的局部放大(或缩小)显示。Matplotlib 提供了相应的函数来简化这种相互关联子图对象的创建。在对应绘图代码之后添加如下的示例代码,即可实现小窗口地图的绘制。

```
>>> from mpl_toolkits.axes_grid1.inset_locator import zoomed_inset_axes
>>> axins = zoomed_inset_axes(ax, .5, loc = 4)
>>> m2 = Basemap(projection='lcc', resolution='l', width=5600e3,
...                 height=800e3, lon_0=112, lat_0=31, lat_1=30,
...                 lat_2=32, ax=axins)
```

```
>>>  m2.readshapefile('data/map/bou2_4l','bou2_4l', linewidth=.5)
>>>  x0, y0 = m2(107., 3.)
>>>  x1, y1 = m2(122.5, 22.5)
>>>  axins.set_xlim(x0, x1)
>>>  axins.set_ylim(y0, y1)
```

　　这里的 zoomed_inset_axes 函数用于创建相互关联的子图对象。该函数的第一个参数为需要放大(或缩小)显示的子图对象。第二个参数为缩放比例,其值大于 1 时为放大显示,反之为缩小显示。第三个 loc 参数为小窗口相对于底图的显示位置。由于小窗口仅是原始底图的局部缩放,因此需要保证两者实际显示比例和地图要素的一致性。实现两者的一致性主要包括如下两个要点:首先,创建与底图完全一致的地图投影对象(如上述代码中的 m2),并调用相同的背景绘制函数;其次,设置小窗口对应子图对象的显示范围,从而实现局部缩放的效果。设置小窗口显示范围时须使用投影后的坐标数值。上例中首先利用投影对象的坐标转换功能得到经纬度点对应的投影坐标,再使用投影坐标设置地图的显示范围。

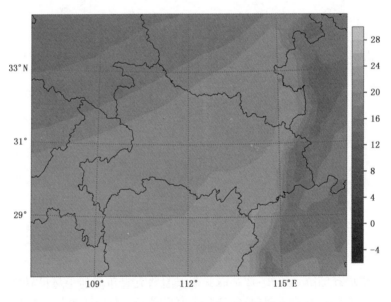

图 5-14　Basemap 绘制地表温度分布

绘制数据

　　Basemap 类包含与子图对象同名的二维图形绘图方法,如 scatter(),pcolormesh(),contour(),contourf() 和 quiver() 等。这些方法不仅名称与子图对象一致,其参数名称和调用形式也与子图对象的方法一致。因此,在创建和设置完成 Basemap 实例之后,可以参阅 5.5 节的内容绘制各种类型的图形。这里唯一需要注意的是,如果绘图数据的坐标信息是经纬度,则需要调用已创建的 Basemap 对象将经纬度转换到投影坐标中,如下列代码所示。

```
>>>  X, Y = m(lon, lat)
```

并使用转换后的 X、Y 作为坐标信息传入绘图函数。如果直接将经纬度坐标传入绘图函数,则需要在绘图函数中添加关键字参数 latlon=True。以下代码演示了使用 Basemap 实例绘制填色等值线图(图 5-14)的过程。

```
>>> t2m = np.loadtxt('data/ch5/t2m.csv', delimiter=',')
>>> lon, lat = np.meshgrid(np.linspace(0, 360, 1440),
...                        np.linspace(-90, 90, 721))
>>> lvl = np.arange(-6, 31, 2)
>>> qs = m.contourf(lon, lat, t2m - 273.15, levels=lvl,
...                 latlon=True)
>>> fg.colorbar(qs, pad=0.02, shrink=0.9)
```

5.6.2　Cartopy 地图绘制

Basemap 作为最早基于 Matplotlib 开发的地图绘制工具包,目前已经停止开发,其官方网页推荐初学者使用新地图工具包 Cartopy。Cartopy 是与 Basemap 功能类似的地图绘制扩展包,最初由英国气象局开发。虽然 Cartopy 与 Basemap 实现的绘图功能类似,但由于软件设计理念的差别,两者在具体使用上有本质的区别。Basemap 的核心是 Basemap 类,该类创建了一系列与子图对象同名的方法。而 Cartopy 利用类继承机制,创建了子图类的一个子类 GeoAxes。GeoAxes 类本身仅负责绘图数据的坐标转换,而具体的绘图命令使用父类 Axes 的方法。

尽管 Cartopy 和 Basemap 在设计理念和具体使用上存在较大的差别,但从完成绘制一副包含地理信息的气象数据而言,其步骤是一致的,仍然需要完成对象创建、地图背景设置和气象数据绘制几个主要的步骤。下面将详细讲解如何使用 Cartopy 绘制与上一节相同的图像。

创建 GeoAxes 实例

cartopy 的绘图功能通过 GeoAxes 类来实现。创建 GeoAxes 实例的基本方法是在创建普通 Axes 对象时指定 projection 参数。projection 参数用于指定地图投影。与 Basemap 类似,Cartopy 预置了多种常用的地图投影,这些投影位于 cartopy.crs 模块中。由于创建 Axes 对象的实例有几种方法,相应地创建 GeoAxes 实例也有几种不同的方法。下面介绍两种最常见的创建 GeoAxes 对象的方法。

第一种方法使用 Figure 类的 add_subplot()方法,并指定相应的坐标投影对象。如以下代码所示。

```
>>> import cartopy.crs as ccrs
>>> import matplotlib.pyplot as plt
>>> fg = plt.figure()
>>> gax = fg.add_subplot(111, projection=ccrs.PlateCarree())
```

第二种方法使用前面代码多次用到的 subplots 函数:

```
subplots(nrows, ncols, subplot_kw, **fig_kw)
```

如前所述，subplots 是用于创建多个子图对象的便捷函数，其中的 subplot_kw 用于指定创建 Axes 实例时的附加关键字参数。

```
>>> import cartopy.crs as ccrs
>>> import matplotlib.pyplot as plt
>>> proj = {'projection': ccrs.PlateCarree()}
>>> fg, gax = plt.subplots(1, 1, subplot_kw=proj)
```

绘制地图背景

GeoAxes 提供了两个常用地图背景的绘制方法。

- coastlines(resolution='110m', color='black', **kwargs)：绘制海岸线。
- stock_img(name='ne_shaded')：绘制 Natural Earth 地形晕染图。

其中 coastlines 的 resolution 参数表示地图数据的分辨率，color 参数表示海岸线的颜色，海岸线的其他属性可通过 kwargs 设置(参见 5.2.3 节)。stock_img 的参数 name 用于选择不同的图片，目前仅有'ne_shaded'可用。

Cartopy 和 Basemap 管理地图背景数据的方式不同。在安装 Basemap 工具包的同时，与地图背景相关的数据就已经安装完成，其他的地理数据仅能通过 shape 文件接口绘制。而Cartopy 提供了一个专用的模块 cartopy.feature 来管理各类地理数据。feature 模块包含 Feature 类，用于表示一组点、线或者多边形的集合。对于一些常用的地理信息数据集，Cartopy 提供了特定的子类来下载和管理数据。其中最常用的子类是 NaturalEarthFeature 和 GSHHSFeature，这两个类分别用于从 www.naturalearthdata.com 和 www.ngdc.noaa.gov下载数据。以下代码显示了如何使用 Cartopy 绘制与图 5-13 类似的地图背景。

```
>>> import matplotlib.pyplot as plt
>>> import cartopy.crs as ccrs
>>> from cartopy.feature import NaturalEarthFeature
>>> from cartopy.io.shapereader import Reader
>>> from cartopy.feature import ShapelyFeature
>>> crs = ccrs.LambertConformal(central_longitude=112.,
...         central_latitude=31., standard_parallels=(30., 32.))
>>> fg, gax = plt.subplots(1, 1, subplot_kw={'projection':crs})
>>> gax.set_extent([-500e3, 500.e3, -400e3, 400.e3], crs=crs)
>>> gax.coastlines('10m', edgecolor='0.2', linewidth=1.)
>>> cf = NaturalEarthFeature('cultural',
...                          'admin_0_boundary_lines_land',
...               '10m',edgecolor='0.2', facecolor='None')
>>> gax.add_feature(cf)
>>> shape_feature = ShapelyFeature(
...     Reader('data/map/bou1_42.shp').geometries(),
```

```
...        ccrs.PlateCarree(), facecolor='none', edgecolor='0.2',
...        linewidth=0.5)
```

以上代码绘制的结果如图 5-15 所示。对比该图与图 5-13 可以看出一些差别。首先,由于地理信息数据的来源不一样,两幅图像的某些特征不一致,比如河流和湖泊等要素。其次,由于目前 Cartopy 功能的限制,在兰勃特投影下还不支持对经纬线进行标注。

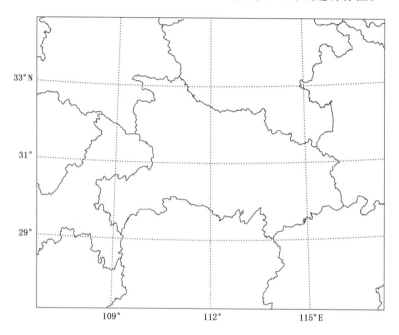

图 5-15　使用 Cartopy 创建的中国中部区域地图

绘制数据

GeoAxes 类的绘图方法主要继承自其父类子图对象,因此绘图方法的使用可以参考 5.5 节的介绍。这里需要注意的是,在使用具体的绘图函数时,需要使用 transform 参数来指定数据对应的投影方式。在图 5-15 对应代码的最后一行之前添加如下的代码,即可创建与图 5-14 类似的图形(图 5 16)。

```
>>> t2m = np.loadtxt('data/ch5/t2m.csv', delimiter=',')
>>> lon, lat = np.meshgrid(np.linspace(0, 360, 1440),
...     np.linspace(-90, 90, 721))
>>> lvl = np.arange(-6, 31, 2)
>>> qs = gax.contourf(lon, lat, t2m - 273.15, levels=lvl,
...     transform=ccrs.PlateCarree())
>>> fg.colorbar(qs, pad=0.02, shrink=0.9)
```

由于这里绘制的地面温度数据为等经纬度坐标,所以在调用 contourf 函数时通过 transform 参数指定了 ccrs. PlateCarree()投影。注意在创建 gax 对象时指定的投影信息决定了最终图形的形式,而绘图时 transform 参数用于指定绘图数据的投影。换而言之,实际数据和地图的投影可以不同。当数据和地图投影一致时,调用绘图函数时不用指定 transform 参数,反之则需要分别为数据和底图指定合适的 transform 参数。

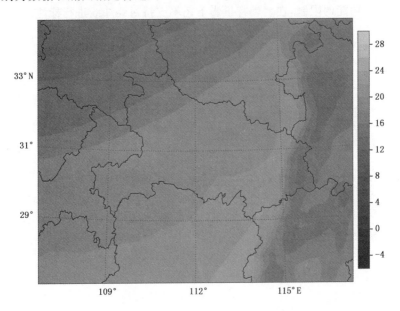

图 5-16   使用 Cartopy 绘制地表温度

第 6 章　气象应用基础

　　使用 Python 进行科学计算和绘图的基本素材是数据。现实中科学数据最常见的存储形式是计算机磁盘上的文件。特别是在气象科研和业务领域,大量的观测、预报和分析资料都以数据文件的形式进行存储和交换。当文件数目较多时,需要使用目录来分类管理,以提高文件访问的效率。熟悉如何在 Python 语言中表示和操作文件与目录,是进行数据分析和绘图的基础。

　　气象等相关学科研究中使用的数据通常是时空的变量,数据随时间的变化特征是很多研究工作的核心。除此之外,在计算机中组织和管理文件通常也与时间的表示密切相关,即以日期时间作为存储数据的文件和目录名。熟悉 Python 语言与时间日期相关的数据类型和操作,对于实际数据处理有重要作用。

6.1　文件系统操作

　　文件系统用于在计算机操作系统中存储和组织计算机数据,它使得大量文件的查找和存取变得容易。文件系统使用文件和目录(也被称为文件夹)等抽象概念来表示本地硬盘、光盘和网络磁盘等物理设备中存储的数据。通过文件系统操作数据时,用户不必关心数据实际的存储细节,只须知道文件所属的目录和名称。目前主流操作系统 Windows 和 Linux 所使用的文件系统存在较大的差别,熟悉这些差别对于编写跨平台代码非常重要。本节将重点介绍 Python 标准库中的 os. path、glob、shutil 和 pathlib 等模块,利用这些模块可实现 bash 脚本程序的常用功能,快速完成各种与文件系统相关的操作。

6.1.1　文件和目录

　　文件和目录是文件系统中最核心的概念,文件表示具体的数据,目录用于组织和管理多个文件,文件或目录与唯一的系统路径对应。Linux 和 Windows 操作系统中的文件和目录在概念上一致,但系统路径的表示方法却完全不同。为了便于讲述,这些假设用户以用户名 user 登录本地计算机,且在用户的家目录下存储 Python 源文件 hello. py。在 Linux 和 Windows 操作系统下家目录和 hello. py 文件的路径分别如下。

- Linux 家目录:/home/user
- Linux 文件:/home/user/hello. py

　　· Windows 家目录:C:\Users\user
　　· Windows 文件:C:\Users\user\hello. py

　　一个完整的系统路径包含由路径分隔符连接的多个部分,Linux 和 Windows 中系统路径的主要区别是路径分隔符和路径开始标记符。Linux 使用斜杠"/"作为路径分隔符和路径开始标记符。Windows 使用反斜杠"\"作为路径分隔符,而使用字母与冒号的组合(如 C:和 D:等,通常称为盘符)作为路径开始标记符。对于一个完整的系统路径,路径分隔符左侧的部分为右侧部分的上级目录。以文件 hello. py 为例,Linux 操作系统中其上级目录依次为 user 和 home,而在 Windows 操作系统中其上级目录分别为 user 和 Users。

　　以上列举的目录和文件路径都以所在操作系统的路径标记符开始,这样的路径称为绝对路径,反之称为相对路径。相对路径对应的文件和目录与用户的当前工作目录相关(工作目录的概念参见 1. 3. 3 节)。假设用户当前的工作目录为/home,那么相对路径 user/hello. py 与绝对路径/home/user/hello. py 为同一个文件。如果用户当前路径不是/home,相对路径 user/hello. py 可能无效。

　　在 Python 语言中,路径可以使用字符串或者 pathlib. Path 对象表示。以字符串操作路径时,主要使用标准库中的 os. path,glob 和 shutil 等模块。由于 Windows 操作系统的路径分隔符"\"正好是 Python 语言的转义字符,在使用字符串表示 Windows 路径分隔符时,需要使用两个反斜杠"\"或使用以字母"r"开始的原始字符串(原始字符串的介绍参见 2. 2. 2 节)。为了实现跨平台的路径操作,Python 标准库的 os. sep 记录了当前操作系统中的路径分隔符,在不同操作系统中该属性的值不同。

```
>>> os.sep  # 笔者使用的计算机运行 MacOS 操作系统
'/'
```

　　从以上代码的输出可见,笔者使用的 MacOS 操作系统使用斜杠"/"作为路径分隔符,与 Linux 操作系统一致。Linux,MacOS 和 Unix 等操作系统的文件系统都基于可移植操作系统接口(POSIX)设计,因此它们之间的文件目录操作具有一致性。

　　Python3. 6 版本引入了 pathlib 模块,其中的 Path 类用于表示路径及其相关操作。Path 类实现的功能与 os. path 模块一致,但使用 Path 类编写的代码更符合 Python 语言风格。从本节后续的示例代码可以看出,使用 Path 书写的代码更简洁易读。但考虑到仍存在大量使用 os. path 模块的历史代码,掌握字符串形式的路径处理同样非常必要。

6.1.2　文件目录操作

创建路径

　　如果分析所需数据包含在单个文件中,则创建文件路径对应的字符串即可访问相应的文件。但更多情况下分析所需要的全部数据可能分布在多个文件中,例如某气象站的历史温度观测数据,通常以天(d)为单位存放在不同的文件或者目录中。当分析该气象站一段时间的

历史数据时,需要根据日期时间动态地创建文件路径。

　　以字符串方式创建文件和目录对应的路径主要使用 os. path. join 函数,该函数接受多个字符串作为参数,其中每个字符串表示路径的一部分。以下代码创建的文件路径对应于用户家目录中 test. py 文件。

```
>>> os.path.join('/', 'home', 'user', 'test.py')
'/home/user/test.py'
```

　　上例将 test. py 路径的各个部分用不同的字符串表示,也可以将路径的多个部分合并作为 join 函数的参数。

```
>>> os.path.join('/home/user', 'test.py')
'/home/user/test.py'
```

　　以上的文件路径同样可以用 pathlib. Path 对象的实例表示,以下代码创建的 Path 对象指向同样的 test. py 文件。

```
>>> from pathlib import Path
>>> p_linux = Path('/') / 'home' / 'user' / 'test.py'
>>> p_linux
PosixPath('/home/user/test.py')
```

　　注意以上代码调用了 Path 类的构造函数,但实际创建的 p_linux 对象为 PosixPath 类的实例。这是因为 Path 类本身仅表示抽象的路径,根据 Python 实际运行的操作系统,将自动创建 PosixPath 或 WindowsPath 类实例。在 Windows 操作系统中执行如下代码,所创建路径对象的类型将为 WindowsPath 类的实例。

```
>>> p_win = Path('c:\') / 'Users' / 'user' / 'test.py'
>>> p_win
WindowsPath('c:/Users/user/test.py')
```

　　在 Windows 操作系统中创建路径的代码有两点值得注意:首先,使用了与 Linux 操作系统一样的斜杠“/”操作符来连接路径的各部分,这里使用了 3. 2. 3 节介绍的类操作符重载功能,即这里的斜杠“/”被重新定义为路径连接的操作;其次,从创建的 WindowsPath 对象的输出来看,使用斜杠“/”作为路径分隔符,而不是前面字符串表示路径时所使用的反斜杠“\”。Path 类统一使用斜杠“/”作为路径分隔符的抽象表示,在具体的操作系统中路径分隔符仍然不同。将 Path 对象强制转换为字符串即可获得其在当前操作系统中的实际字符。

```
>>> str(p_win)   # 此行代码须在 Windows 操作系统中执行
'c:\\Users\\user\\test.py'
```

拆分路径

上一节介绍了使用 os. path. join 函数和 pathlib. Path 类将文件和目录路径的各部分合并为完整路径的方法。本节继续介绍将一个完整的路径拆分为各部分的方法。基于文件的资料处理中,拆分路径是较为常见的操作,因为路径的某些部分可能包含与数据相关的信息。图 6-1 显示了笔者 U 盘中一个数据文件在 MacOS 和 Windows 操作系统中的完整路径,并对路径的各部分进行了标注。表 6-1 列出了各标注部分的名称和详细说明。

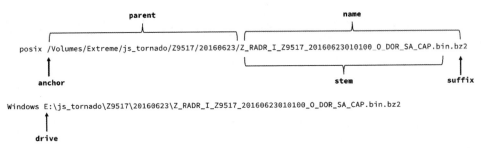

图 6-1　完整文件路径包含的各部分信息

表 6-1　完整文件路径各部分名称和说明

标注	说明
name	不包含目录信息的文件名
parent	文件(或目录)的所有上级目录
stem	不包含后缀的文件名
suffix	文件名后缀
anchor	路径开始标记
drive	Windows 文件系统中的盘符

图 6-1 中标注的文件路径各部分的名称同时也是 pathlib. Path 对象的属性。因此在使用 pathlib. Path 表示路径时,可以方便地访问完整路径的各部分。如下代码演示了从前面创建的 Path 对象访问路径的各部分。

```
>>> p_linux. name
'test.py'

>>> p_linux. parent
PosixPath('/home/user')

>>> p_linux. stem
'test'
```

```
>>> p_linux.suffix
'.py'

>>> p_linux.anchor
'/'

>>> # 以下代码须在 Windows 操作系统中运行
>>> p_win.parent
WindowsPath('c:/home/username')

>>> p_win.anchor
'c:\\'

>>> p_win.drive
'c:'
```

从以上代码的运行结果可见,除了属性 parent 的类型是 Path 类之外,其他属性都为字符串,因此可以使用如下的链式语法获取任意的上级目录。

```
>>> p_linux.parent.parent
PosixPath('/home')

>>> p_linux.parent.parent.parent
PosixPath('/')
```

以字符串表示路径时,可使用 os.path 模块提供的相关函数拆分路径,如下列代码所示。

```
>>> s_linux = str(p_linux)
>>> os.path.splitdrive(s_linux)
('', '/home/user/test.py')

>>> os.path.split(s_linux)
('/home/user', 'test.py')

>>> os.path.splitext(s_linux)
('/home/user/test', '.py')
```

其中 splitdrive 函数用于将盘符与路径的其他部分分开。POSIX 标准中没有盘符的概念,因此在 Linux 操作系统中该函数返回空字符串。而在 Windows 操作系统中调用该函数,第一个返回值为路径对应的盘符。splitdrive 函数返回值的第一个元素与 WindowsPath 类的 drive

属性一致。split 函数用于将上级目录和文件名（或目录名）分隔开。splitext 函数用于将文件后缀和路径其余部分分开。除了调用以上三个函数进行路径的拆分操作，还可以用 os. sep 作为分隔字符，使用字符串的 split 方法完成路径的拆分，有兴趣的读者可回顾 2.2.2 节关于字符串拆分操作的相关介绍。

路径操作

使用上述方法创建的路径不仅可以用于访问文件系统中已存在的文件和目录，还可以用于创建新的文件和目录。在数据分析过程中，除了读取大量的输入数据，还需要将分析结果有序地存储为磁盘文件。因此掌握创建目录和文件的方法是实际资料处理中必备的基本技能。2.2.6 节介绍了使用 open 函数创建文件的方法，该方法的前提是文件路径的所有上级目录已存在，否则程序将报错。本节重点介绍 Python 语言中创建目录的相关操作。

根据路径的具体表示方式，Python 提供了两种创建目录的接口。以字符串表示路径时，主要使用 os. mkdir 和 os. makedirs 两个函数创建目录，其函数原型分别如下。

- os. mkdir(path, mode＝0o777)
- os. makedirs(path, mode＝0o777, exist_ok＝False)

以上两个函数的主要区别是，mkdir 仅创建路径对应的末级目录（即路径各部分中最右侧的子目录），当该路径对应的某一上级目录不存在时，该函数将报错。对于上级目录不存在的情况，makedirs 将同时创建路径对应的所有上级目录。参数 path 表示须创建目录的路径，mode 为创建路径的操作权限。操作权限由 3 个八进制整数表示，分别对应用户、组和其他用户的读写权限。关于用户、组和权限的概念和设置，请读者参阅相关的 Linux 文档。假设用户当前的工作目录为/home/user，以下代码将在当前工作目录中创建 dir1 和 dir2/sub_dir1 两个目录。

```
>>> os.mkdir('dir1')
>>> os.makedirs('dir2/sub_dir1')
```

运行以上代码前假设/home/user 目录已存在，且该目录下不存在子目录 dir1 和 dir2。如果调用 mkdir 来创建 dir2/sub_dir1，由于目录 sub_dir1 的上级目录 dir2 不存在，mkdir 函数将报错。

```
>>> os.mkdir('dir2/sub_dir1') # 假设当前工作目录下不存在目录 dir2
FileNotFoundError: [Errno 2] No such file or directory:
'dir2/sub_dir1'
```

当使用 Path 对象表示路径时，可以调用对象的 mkdir 方法创建目录，其函数原型如下。

- mkdir(mode＝0o777, parents＝False, exist_ok＝False)

mkdir 方法的 mode 和 exist_ok 参数与 os. makedirs 函数相应参数的含义相同。parents 表示当路径对应的中间目录不存在时是否自动创建，当其值为 True 时功能与 makedirs 函数的功能相同。以下代码同样实现在/home/user 目录下创建 dir1 和 dir2/sub_dir1 两个目录。

```
>>> p = Path('/home/user')
>>> (p / 'dir1').mkdir()
>>> (p / 'dir2' / 'sub_dir1').mkdir(parent=True)
```

以上代码首先创建了两个 Path 对象表示须创建的两个目录,再分别调用每个 Path 对象的 mkdir 方法。由于中间目录 dir2 不存在,在调用第二个 Path 对象的 mkdir 方法时将 parent 参数设为 True。

除了访问与创建目录,Python 标准库还提供了拷贝、移动和删除文件与目录的功能,相关函数和方法的名字和功能说明见表 6-2。

表 6-2　Python 标准库中文件目录操作函数

函数名	功能
shutil. copy(src, dst)	将文件 src 拷贝至 dst
shutil. copytree(src, dst)	将目录 src 拷贝至 dst
shutil. move(src, dst)	将文件 src 移动至 dst
os. rename(src, dst)	将文件 src 移动至 dst
pathlib. Path. rename(dst)	将 Path 对象移动至 dst
os. remove(dst)	删除文件 dst
os. unlink(dst)	删除文件 dst
pathlib. Path. unlink()	删除 Path 对象对应的文件
os. rmdir(dst)	删除空目录 dst
pathlib. Path. rmdir(dst)	删除 Path 对象对应的空目录
shutil. rmtree(dst)	删除目录 dst

6.1.3　文件遍历

除了使用文件、目录和路径等概念创建和访问文件系统中的单个文件或目录以外,在实际资料处理过程中,经常需要在文件系统中查找特定名称的多个文件。例如访问一个目录中所有以 .grb 为后缀的 GRIB 文件,或者所有以字符串"2019"开头的文件,这时需要对目录中的文件进行过滤操作。

Python 标准库的 glob 模块提供了目录和文件的模糊查找功能,其规则与 Linux 操作系统中 shell 命令行的文件名扩展类似。查找过程以一些特殊的字符来匹配一类字符,这些特殊的字符称为通配符。glob 模块中支持的常用通配符如表 6-3 所示。

表 6-3　glob 模块支持的常用通配符

通配符	说明
＊＊	匹配任意层次的目录或文件
＊	匹配多个任意字符
？	匹配单个任意字符
［Aa］	匹配方括号内的任意字符,本例匹配大写字母 A 或小写字母 a

　　假设用户当前工作目录的结构如图 6-2 所示。如下的代码将从 dir1 目录中匹配所有以单个数字命名的文件。

```
>>> import glob
>>> glob.glob('dir1/[0-9].*')
['dir1/1.gif', 'dir1/2.txt']
```

　　这里的通配符[0-9]用于匹配单个任意数字,其后的字符"＊"用于匹配任意个数的任意字符。glob 函数的返回值为列表对象,每个元素为符合指定条件的路径字符串。需要注意的是,返回的路径包含 glob 参数中指定的目录名,如这里的目录 dir1。

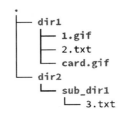

图 6-2　文件目录结构示意图

　　以上例子仅匹配单个目录 dir1 下的文件,glob.glob 函数同时也支持递归地匹配多个目录下的文件。如下的代码用于匹配当前工作目录下(包含所有子目录)所有以 txt 为后缀的文件。

```
>>> glob.glob('**/*.txt', recursive= True)
['dir2/sub_dir1/3.txt', 'dir1/2.txt']
```

　　通配符"＊＊"用于在递归模式下(recursive＝True)匹配任意级别的目录。上例中的"＊＊"将同时匹配目录 dir2/sub_dir1 和 dir1。当满足条件的文件数量较多时(特别是当参数 recursive ＝True 时),可能出现程序内存占用过大的问题。为避免这种情况的发生,可以换用 glob.iglob 函数。该函数的输入参数和使用方法与 glob.glob 一致,但其返回值为可迭代对象,可在循环语句中逐一获得符合条件的文件路径。

　　除了以上介绍的 glob 模块中的相关函数,os 模块的 walk 函数也可用于遍历某一目录下的所有文件和目录。os. walk 函数的参数为须查找的顶层目录名,其返回值为可迭代对象。该对象每次返回一个包含三个元素的元组,三个元素分别对应于某一级别的目录、该目录下的所有子目录和文件。下面的代码演示了 os. walk 的用法。

```
>>> for root, dirs, files in os.walk('.'):
>>>     for d in dirs:
>>>         print(os.path.join(root, d))
>>>     for f in files:
>>>         print(os.path.join(root, f))
./dir2
./dir1
./dir2/sub_dir1
./dir2/sub_dir1/3.txt
./dir1/1.gif
./dir1/card.gif
./dir1/2.txt
```

os. walk 函数不支持使用通配符对查找结果进行过滤,但由于其返回的路径为字符串,因此可以使用字符串的相关方法对结果进行筛选。下面的代码对 os. walk 返回的结果进行过滤,仅显示以 .txt 为后缀的文件。

```
>>> for root, dirs, files in os.walk('.'):
>>>     for f in files:
>>>         if f.endswith('.txt'):
>>>             print(os.path.join(root, f))
./dir2/sub_dir1/3.txt
./dir1/2.txt
```

pathlib. Path 类同样提供了查找文件的方法 glob,该方法与 glob. glob 函数支持相同的通配符。如下的代码使用 Path 类匹配了当前工作目录下所有以 .txt 为后缀的文件。

```
>>> p = Path('.')
>>> for entry in p.glob('**/*.txt'):
>>>     print(entry)
dir2/sub_dir1/3.txt
dir1/2.txt
```

6.2　日期时间处理

如前所述,包括气象在内的很多学科所分析的数据都是时间的函数,如一个气象观测站的逐小时温度记录、一次数值模式预报的未来 24 小时的大气状态等。分析这类资料通常包含与时间日期相关的操作,如计算一个气候序列的逐日、逐月平均,一次数值模拟结果 3 小时或者 6 小时累计降水等。除此之外,6.1.2 节介绍目录的创建和访问方法时曾提到,为了更好地组织大量的数据文件,通常以日期时间命名文件和目录。以上这些实际编程需求都与日期时间的表示和算术运算密切相关。

尽管日期时间是日常生活最常见的概念,但如何在编程语言中方便地表示日期时间,并实现高效的算术运算却是十分困难的任务。使用 C 或 Fortran 语言处理过日期时间的读者可能对此深有体会。使用这些编程语言处理日期时间需要不断地进行字符串与数字的转换,并手动对日期时间的部分属性(如年、月、日和小时等)进行计算以获得过去或者未来的日期时间。这一计算过程需要判断不同月份的天数以及闰年等特殊的情况,过程极为繁琐且容易出错。Python 语言的标准库和常用扩展库极大地简化了日期时间的处理。静态语言中需要复杂循环和判断代码才能实现的日期时间计算,在 Python 语言中仅需数行代码即可完成。

在介绍 Python 语言提供的日期时间处理功能之前,首先引入时间点、时间差和时间段这三个基本的抽象概念。如图 6-3 所示,将时间想象为一条一维的坐标轴,时间点就对应于这条坐标轴上的一个点(如 t_2 和 t_1),时间段对应于坐标轴上两个点之间的时间范围(从 t_1 到 t_2),时间差为两个时间点之间的差异($t_2 - t_1$)。以上这三个概念在 Python 语言标准库和扩展库中有具体的对象与之对应,下面的内容将详细介绍这些与日期时间相关的对象的创建和使用方法。

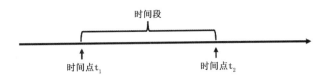

图 6-3   与日期时间相关的抽象概念

日常生活中日期时间通常以字符串表示,例如字符串"2019-01-06"。如无特殊的约定,以上字符串可理解为 2019 年 1 月 6 日或 2019 年 6 月 1 日。另外,对于字符串"2019-02-14 12:20:00",虽然没有上例中的日期和月份之间的歧义,但是由于没有具体的时区信息,也不能与时间轴上的具体点对应。为了消除使用字符串表示日期时间的歧义性,国际标准化组织(ISO)1988 年拟订了一套表示日期时间的标准格式(ISO 8601,附录 A 表 A-1 第 11 行),该标准定义了两类(基本和扩展)表示日期时间的字符串格式。

基本格式的部分规范如下。

• 日期:YYYYMMDD

• 时间:hhmmss. sss±hhmm

• 日期时间:YYYYMMDDThhmmss. sss±hhmm

扩展格式的部分规范如下。

- 日期：YYYY-MM-DD
- 时间：hh:mm:ss. sss±hhmm
- 日期时间：YYYY-MM-DDThh:mm:ss. sss±hhmm

以上格式中的 YYYY、MM、DD、hh、mm、ss. sss 分别表示四位数年份、两位数的月份、一月中两位数的天数、两位数小时、两位数分钟、精确到小数点后三位的五位数秒数。"±"符号之后的 hh 和 mm 表示当前时区与 UTC 偏移的小时和分钟数。当日期时间某一字段对应的数字不足要求的位数时，须在前面使用 0 补齐。以下为符合 ISO 8601 标准的基本和扩展格式日期时间字符串。

- 日期：20190214
- 时间：122000＋0800
- 日期时间：20190214T122000＋0800
- 日期：2019-02-14
- 时间：12:20:00＋08:00
- 日期时间：2019-02-14T12:20:00＋08:00

以上日期时间字符串均为完整格式，在实际书写过程中可以忽略其中一部分。首先，时区信息可以忽略或使用字母 Z 代替，这时默认为 00UTC。因此以下日期时间字符串都符合标准。

- 122000 或 122000Z
- 20190214T122000 或 20190214T122000Z
- 12:20:00 或 12:20:00Z
- 2019-02-14T12:20:00 或 2019-02-14T12:20:00Z

其次，表示日期、时间和时区的数字按照从左到右的顺序重要性依次降低。当右侧的数字为最小可用值时，在书写时可省略。以下字符串表示的日期时间与 2019-02-01T00:00:00 等价。

- 2019-02-01T00:00
- 2019-02-01T00
- 2019-02-01
- 2019-02

Python 语言标准库的 datetime 模块和常用的 NumPy、Pandas 扩展库都提供了表示日期时间相关概念的对象。这些对象都支持将 ISO 8601 格式的字符串转换为相应的日期时间对象，且这些对象的字符串表示都采用 ISO 8601 定义的标准格式。本节将详细介绍 datetime、NumPy 和 Pandas 中表示和操作日期时间的方法，以及日期时间对象在三个模块之间的转换。

6.2.1　datetime 模块

Python 标准库的 datetime 模块包含了与时间日期处理相关的对象,其中常用的类和相应说明如表 6-4 所示。本节的示例代码假设已预先执行如下的模块导入语句。

```
>>> from datetime import datetime, timedelta, timezone
```

表 6-4　datetime 模块常用的日期时间类

类名	说明
datetime. datetime	用于表示时间点
datetime. timedelta	用于表示时间差
datetime. timezone	用于表示时区信息

创建 datetime 对象

datetime 对象表示时间轴上的一个点,可以由多种方式创建。下面首先介绍使用构造函数的创建方法,其构造函数的原型如下。

```
datetime(year, month, day, hour=0, minute=0, second=0,
microsecond=0, tzinfo=None)
```

除了表示时区信息的 tzinfo 参数之外,其他参数都为整数,每个参数的取值范围如表 6-5 所示。注意表 6-5 中参数取值范围的方括号表示闭区间。下面的代码创建了 datetime 对象。

```
>>> datetime(2019, 2, 14)
datetime.datetime(2019, 2, 14, 0, 0)

>>> datetime(2019, 2, 14, 12, 20)
datetime.datetime(2019, 2, 14, 12, 20)
```

表 6-5　datetime 构造函数参数说明

参数名	说明	取值范围
year	年	[1, 9999]
month	月	[1, 12]
day	日	[0, 当月日数]
hour	小时	[0, 23]
minute	分钟	[0, 59]
second	秒	[0, 59]
microsecond	微秒	[0, 1000000]

除了调用构造函数创建表示任意日期时间的 datetime 对象,在编程中经常需要获取当前时刻对应的日期时间对象,这时可以使用 datetime 类的 now 或者 utcnow 方法,它们分别返回

以本地时和世界时表示的 datetime 对象。

```
>>> datetime.now()
datetime.datetime(2019, 10, 2, 14, 19, 26, 755875)
```

```
>>> datetime.utcnow()
datetime.datetime(2019, 10, 2, 06, 19, 30, 144465)
```

datetime 类同时提供将表示日期时间的字符串转换为 datetime 对象的方法。当日期时间字符串的格式符合 ISO 8601 标准时，可使用 fromisoformat 方法（须使用 3.7 以上版本 Python）转换为对应 datetime 对象，如下列代码所示。

```
>>> datetime.fromisoformat('2019-02-14')
datetime.datetime(2019, 2, 14, 0, 0)
```

```
>>> datetime.fromisoformat('2019-02-14T12:20')
datetime.datetime(2019, 2, 14, 12, 20)
```

当日期时间字符串不符合 ISO 8601 标准时，可以使用 strptime 方法将字符串转换为 datetime 对象。字符与日期时间字段的对应关系如表 6-6 所示。下面的代码将包含中文的字符串转换为对应的 datetime 对象。

```
>>> datetime.strptime('2019月02月14日', '%Y月%m月%d日')
datetime.datetime(2019, 2, 14, 0, 0)
```

表 6-6　常用的时间日期格式化符

格式化符	说明	示例
%Y	四位数表示的年	1982,2019
%m	两位数表示的月	01,02,…12
%-m	十进制数表示的月	1,2,…12
%d	两位数表示的日	01,02,…30
%-d	十进制数表示的日	1,2,…30
%H	两位数表示的小时	01,02,…23
%-H	十进制数表示的小时	1,2,…23
%M	两位数表示的分钟	01,02,…59
%-M	十进制数表示的分钟	1,2,…59
%S	两位数表示的秒	01,02,…59
%-S	十进制数表示的秒	1,2,…59

strptime 方法的参数为包含日期时间信息的字符串，第二个参数表示对象的字符串显示格式。换言之，按照第二个参数指定的格式，能够将表示相同日期时间的 datetime 对象格式

化为与第一个参数相同的字符串。datetime 对象的字符串格式化方法将在下一节中详细介绍。

格式化日期时间对象

ISO 8601 定义的标准格式为日期时间信息交换奠定了基础,但该标准相对固定的格式无法满足实际应用中多样的需求,为此 datetime 类提供了 strftime 方法来生成任意格式的日期时间字符串。以下代码演示了 strftime 方法的用法。

```
>>> dt = datetime.fromisoformat('2019-02-14T12:20')
>>> dt.strftime('wrfout_d01_%Y-%m-%d_%H:%M:%S')
'wrfout_d01_2019-02-14_12:20:00'
```

strftime 方法的参数为包含表 6-6 中列举的日期时间格式符,这些格式符将被 datetime 对象相应字段的数值代替。strftime 的参数还可以包含表 6-6 中所列格式符之外的任意字符,这些字符将按原样输出。另外,日期时间对象也可以作为字符串对象格式化方法的参数转换为字符串(参见 2.2.2 节字符串格式化的详细介绍),如下列代码所示。

```
>>> 'wrfout_d01_{:%Y-%m-%d_%H:%M:%S}'.format(dt)
'wrfout_d01_2019-02-14_12:20:00'

>>> f'wrfout_d01_{dt:%Y-%m-%d_%H:%M:%S}'
'wrfout_d01_2019-02-14_12:20:00'
```

timedelta 对象

timedelta 对象用于表示两个 datetime 对象之间的时间差,其构造函数为:

```
timedelta(days=0, seconds=0, microseconds=0, milliseconds=0, minutes=0, hours=0,
weeks=0)
```

以上函数的 7 个参数依次表示天、秒、微秒、毫秒、分钟、小时和周数。虽然 timedelta 对象的构造支持 7 种不同的时间单位,但内部仅以 days(天)、seconds(秒)和 microseconds(微秒)3 种单位保存实际数据。其他单位按如下规则转换为以上三种单位。

- 1 millisecond = 1000 microseconds
- 1 minute = 60 seconds
- 1 hour = 3600 seconds
- 1 week = 7 days

以下代码演示了 timedelta 对象的创建方法。

```
>>> t1 = datetime(2019, 2, 14, 12, 20)
>>> t2 = datetime(2019, 2, 22)
>>> td1 = t2 - t1
>>> td2 = timedelta(days=230)
```

```
>>> td1
datetime.timedelta(days=7, seconds=42000)

>>> td2
datetime.timedelta(days=230)
```

使用 datetime 和 timedelta 类表示日期时间的主要优点是支持日期时间的算术和逻辑运算，这对编写与日期时间处理相关的程序特别有用。datetime 和 timedelta 对象之间支持加法和减法运算，两个 datetime 对象和两个 timedelta 对象之间支持逻辑比较运算，如下列代码所示。

```
>>> t1 + td1
datetime.datetime(2019, 2, 22, 0, 0)

>>> t2 - td1
datetime.datetime(2019, 2, 14, 12, 20)

>>> t2 > t1
True

>>> td2 < td1
False
```

timezone 对象

之前章节创建的 datetime 对象未包含时区信息，这种 datetime 对象被称为"无知型"对象，而包含时区信息的 datetime 对象被称为"感知型"对象。datetime 模块提供了 tzinfo 类表示时区信息。tzinfo 类是一个抽象类，实际程序中使用其子类 timezone 来表示时区信息。timezone 类的构造函数原型如下。

```
timezone(offset, name=None)
```

其中参数 offset 为 timedelta 对象，表示本地时间与世界时的差值，其数值须在 ± timedelta(hours＝24)之间。name 为可选的字符串参数，作为 datetime.tzname 方法的返回值。以下代码创建了"感知型"的 datetime 对象。

```
>>> tz = timezone(timedelta(hours=8), 'beijing')
>>> t3 = datetime(2019, 2, 14, 12, 20, tzinfo=tz)
>>> print(t3)
2019-02-14 12:20:00+08:00

>>> print(t1)
2019-02-14 12:20:00
```

```
>>> t3.tzname()
'beijing'
```

由 ISO 8601 格式字符串创建的 datetime 对象包含相应的时区信息。

```
>>> dt = datetime.fromisoformat('2019-02-14T12:20+08:00')
>>> dt.tzname()
'UTC+ 08:00'

>>> dt
datetime.datetime(2019, 2, 14, 12, 20,
tzinfo=datetime.timezone(datetime.timedelta(seconds=28800)))
```

6.2.2　NumPy 日期时间

Python 标准库的 datetime 模块主要为表示日期时间而设计,并没有为算术运算优化。因此,NumPy 在 1.7 版本中增加了表示日期时间的核心数据类型 datetime64 和 timedelta64,其重要特征是支持日期时间的矢量运算。因为名字 datetime 和 timedelta 已被 Python 标准库使用,NumPy 在相应类型名称后添加数字后缀"64",表示 NumPy 使用 8 字节内存存储日期时间数据。

datetime64 对象

datetime64 对象用于表示日期时间点,可由 ISO 8601 格式的字符串或 datetime 对象创建。

```
>>> np.datetime64('2019-02-14')
numpy.datetime64('2019-02-14')

>>> np.datetime64(datetime(2019,2,14))
numpy.datetime64('2019-02-14T00:00:00.000000')
```

以上创建的两个 datetime64 对象的字符串表示并不相同。这是因为 NumPy 的 datetime64 类型可以表示不同精度的日期时间。时间日期的实际精度可以通过对象的 dtype 属性获得。

```
>>> np.datetime64('2019-02-14').dtype
dtype('< M8[D]')

>>> np.datetime64(datetime(2019,2,14)).dtype
dtype('< M8[us]')
```

从以上两个对象的 dtype 可以看出，它们的日期时间精度不同。4.2.3 节 NumPy 常用数据类型的介绍可知，表示日期时间数据类型的字符串分为三个部分。其中第一个字符"<"表示字节序，中间的字母和数字组合"M8"表示对象类型，方括号内的字符"D"和"us"表示日期时间的精度。datetime64 常用的日期和时间精度如表 6-7 和表 6-8 所示。注意前面介绍的datetime 对象仅支持精度为微秒的日期时间，因此将 datetime 对象转换为 datetime64 对象都使用微秒（"[us]"）作为对象的精度。

表 6-7　datetime64 日期类型

字符	说明	相对时间范围	绝对时间范围
Y	年	+/− 9.2e18 年	[9.2e18 BC, 9.2e18 AD]
M	月	+/− 7.6e17 年	[7.6e17 BC, 7.6e17 AD]
D	天	+/− 2.5e16 年	[2.5e16 BC, 2.5e16 AD]

创建 datetime64 对象时可通过参数指定日期时间的精度，且指定的精度无须与输入日期时间的精度一致。如未指定，NumPy 将自动选择合适的精度。

```
>>> np.datetime64('2019-02-14', 's').dtype
dtype('<M8[s]')
```

```
>>> np.datetime64(datetime(2019, 2, 14), 'D').dtype
dtype('<M8[D]')
```

表 6-8　datetime64 时间类型

字符	说明	相对时间范围	绝对时间范围
h	小时	+/− 1.0e15 年	[1.0e15 BC, 1.0e15 AD]
m	分	+/− 1.7e13 年	[1.7e13 BC, 1.7e13 AD]
s	秒	+/− 2.9e11 年	[2.9e11 BC, 2.9e11 AD]
ms	毫秒	+/− 2.9e8 年	[2.9e8 BC, 2.9e8 AD]
us	微秒	+/− 2.9e5 年	[290301 BC, 294241 AD]
ns	纳秒	+/− 292 年	[1678 AD, 2262 AD]

timedelta64

timedelta64 用于在 NumPy 中表示时间差，且与 datetime64 对象相似，可以表示不同精度的时间差。

```
>>> a = np.timedelta64(24, 'h')
>>> a
numpy.timedelta64(24,'h')
```

```
>>> np.timedelta64(a, 'm')
numpy.timedelta64(1440,'m')
```

```
>>> np.timedelta64(a, 'D')
numpy.timedelta64(1,'D')
```

timedelta64 类的构造函数接受两个参数，第一个参数为时间间隔大小，可以为数值或 timedelta64 对象，第二个参数为日期时间精度（参见表 6-7 和表 6-8）。当第一个参数为 time-delta64 对象时，可以实现不同精度时间差对象之间的转换。

与标准库中的 datetime 和 timedelta 对象类似，timedelta64 对象也可以通过两个 date-time64 对象的减法运算创建。

```
>>> np.datetime64('2019-10-01') - np.datetime64('2019-02-14')
numpy.timedelta64(229,'D')
```

```
>>> b = np.datetime64('2019-10-01')-np.datetime64('2019-02-14T12:20')
>>> b
numpy.timedelta64(329020,'m')
```

与使用构造函数创建 datetime64 对象的过程类似，减法操作创建对象的精度与参与运算的 datetime64 对象的精度相关，且由 Python 自动确定合适的精度。如须创建特定精度的 timedelta64 对象，可使用构造函数进行转换。

datetime64 和 timedelta64 对象之间同样支持加法和减法运算，其结果为 datetime64 对象。当参与运算对象的精度不同时，低精度对象将自动转换到高精度进行计算。

```
>>> np.datetime64('2019-10-01') - b
numpy.datetime64('2019-02-14T12:20')
```

```
>>> np.datetime64('2019-02-14T12:20') + b
numpy.datetime64('2019-10-01T00:00')
```

timedelta64 对象的另一常用操作是计算时间差相对于某一单位时间差的大小。例如以上例子得到的对象 b，其单位为分钟（"m"）。如须得到该时间差对应的天数或小时数，可以除以对应的单位时间差。

```
>>> b / np.timedelta64(1, 'D')
228.48611
```

```
>>> b / np.timedelta64(1, 'h')
5483.66666
```

datetime64 和 timedelta64 作为 NumPy 核心数据类型的主要优点是支持以数组为单位的矢量运算。

```
>>> dt_arr = np.array(['2019-02-14T12:20', '2019-02-14T12:21'],
...     dtype='M8[s]')
>>> c = np.datetime64('2019-02-22') - dt_arr
>>> c
array([646800, 646740], dtype='timedelta64[s]')

>>> c.astype('m8[D]')
array([7, 7], dtype='timedelta64[D]')
```

6.2.3 Pandas 时间日期

第 7 章将介绍的 Pandas 扩展库是 Python 语言进行表格数据分析最常用的工具。这类数据的分析经常需要进行日期时间的计算,因此 Pandas 也包含与日期时间处理相关的类,表 6-9 例举了 Pandas 中表示日期时间的类名和相关函数。

表 6-9　Pandas 库中定义的时间日期相关类

概念	标量类	创建方法
时间点	Timestamp	to_datetime date_range
时间差	Timedelta	to_timedelta timedelta_range
时间区间	Period	Period period_range

Timestamp 对象

Timestamp 是 Pandas 中用于代替标准库中 datetime 的数据类型,在底层使用 NumPy 的 datetime64 对象存储实际的数据。因此,可以认为 Timestamp 是 datetime 和 datetime64 的混合体,既具备表示日期时间的常用方法,又支持基于日期时间的矢量运算。Timestamp 对象的创建方式较为灵活,可以通过如下几种方式的创建。

· 将表示日期时间的字符串转换为 Timestamp 对象。

```
>>> pd.Timestamp('2017-01-01T12')
Timestamp('2017-01-01 12:00:00')
```

- 将表示 Unix 纪元时间[①]的整数或者浮点数转换为 Timestamp 对象。创建过程中可以通过 unit 和 tz 参数分别指定日期时间的单位和时区。

```
>>> pd.Timestamp(1513393355.5, unit='s')
Timestamp('2017-12-16 03:02:35.500000')
>>> pd.Timestamp(1513393355, unit='s', tz='US/Pacific')
Timestamp('2017-12-15 19:02:35-0800', tz='US/Pacific')
```

- 通过指定年、月、日、时、分、秒和时区等信息来创建 Timestamp 对象，如以下代码所示。

```
>>> pd.Timestamp(2019, 2, 14, 12, 20)
Timestamp('2019-02-14 12:20:00')
>>> pd.Timestamp(year=2019, month=2, day=14, hour=12, minute=20)
Timestamp('2019-02-14 12:20:00')
```

　　Timestamp 对象常作为 DatetimeIndex 类的元素表示 Pandas 日期时间数据的索引(详见 7.1.3 节)。创建 DatetimeIndex 类的常用函数为 to_datetime 和 date_range，其具体方法将在 7.1.3 节中详细介绍。

Timedelta[②] 对象

　　Timedelta 类与 Timestamp 类似，可以看作标准库中 timedelta 和 timedelta64 类的混合体。Timedelta 对象可以使用构造函数创建，也可以通过两个 Timestamp 对象的减法操作创建。

```
>>> pd.Timedelta('1s')
Timedelta('0 days 00:00:01')

>>> pd.Timedelta(1, unit='s')
Timedelta('0 days 00:00:01')

>>> pd.Timedelta('1D')
Timedelta('1 days 00:00:00')

>>> pd.Timedelta(1, unit='D')
Timedelta('1 days 00:00:00')

>>> pd.Timestamp('2019-02-22') - pd.Timestamp('2019-02-14')
Timedelta('8 days 00:00:00')
```

　　从以上例子可以看出，以构造函数创建相同的 Timedelta 对象有两种不同的调用方式。

---

① Unix 纪元(epoches)时间是指从 1970 年 1 月 1 日零时开始以来的秒数。
② 注意这里的 Timedelta 与标准库中的 timedelta 名称和用法上的区别。

第一种使用数字和字母组成的字符串(如"1s"和"1D"),另一种使用数字和单独的 unit 参数。这两种方式中,数字都表示时间差的大小,而字母表示时间差的单位。字母所代表的日期时间单位详见表 6-7 和表 6-8。

Period 对象

Timestamp 类表示时间轴上的一个点,但实际的日期时间信息可能并不对应一个点。在气象数据分析中常用的最高温度、最低温度和累计降水等变量对应于一个时间区间,此时使用 Period 对象表示对应的日期时间信息更为合理。Period 对象的创建方式与 Timestamp 类似,同样使用表示日期的字符串作为参数。

```
>>> pd.Period('2019-02')
Period('2019-02', 'M')


>>> pd.Period('2019-02-14')
Period('2019-02-14', 'D')
```

注意以上代码输出括号内的第二个字符串,它表示 Period 对象的频率。其值可以在创建 Period 对象时使用 freq 参数指定。如未指定该参数,Pandas 将自动选择合适的频率。

```
>>> pd.Period('2019-02-14', freq='D')
Period('2019-02-14', 'D')


>>> pd.Period('2019-02-14', freq='h')
Period('2019-02-14 00:00', 'H')
```

注意以上代码创建 Period 对象时构造函数的第一个参数相同,但两者实际表示的时间范围并不一样。第一行输入创建的 Period 对象表示 2019 年 2 月 14 日整天,而第二行输入创建的 Period 对象表示 2019 年 2 月 14 日 00 时这一整小时。

6.2.4　不同类型日期时间对象的相互转换

从前面的介绍可知,datetime,datetime64 和 Timestamp 对象的实现和功能存在着密切的联系。但对 Python 语言而言,它们仍是完全不同的对象。在使用 Python 进行数据分析和完成其他编程任务时,很多函数和方法仅支持某种特定的日期时间对象类型,因此需要进行必要的日期时间类型转换。

datetime 转换为其他对象

datetime 类作为 Python 标准库提供的对象类型,是其他扩展库时间日期类型的基础,因此可以通过调用其他类型的构造函数来实现转换。

```
>>> dt = datetime(2019, 2, 14, 12, 20)
>>> dt
```

```
datetime. datetime(2019, 2, 14, 12, 20)


>>> dt64 = np. datetime64(dt)
>>> dt64
numpy. datetime64('2019-02-14T12:20:00. 000000')


>>> ts = pd. Timestamp(dt)
>>> ts
Timestamp('2019-02-14 12:20:00')
```

datetime64 转换为其他对象

Timestamp 在底层使用 datetime64 存储日期时间数据，因此可以通过 Timestamp 的构造函数转换 datetime64 对象。

```
>>> pd. Timestamp(dt64)
Timestamp('2019-02-14 12:20:00')
```

由于底层数据结构的差异，将 datetime64 对象转换为 datetime 对象需要使用 datetime64 对象的 astype 方法。

```
>>> dt64. astype(datetime)
datetime. datetime(2019, 2, 14, 12, 20)
```

注意这种方法仅对日期时间精度为微秒（"[us]"）的对象适用，否则需要先将 datetime64 对象强制转换为微秒精度。如下代码可实现任意精度 datetime64 对象向 datetime 对象的转换。

```
>>> dt64. astype('M8[us]'). astype(datetime)   # 这里的 dt64 可为任意精度
datetime. datetime(2019, 2, 14, 12, 20)
```

Timestamp 转换为其他对象

Timestamp 对象提供了 to_pydatetime 和 to_datetime64 两个方法将其分别转换为 date-time 和 datetime64 对象。

```
>>> ts. to_datetime64()
numpy. datetime64('2019-02-14T12:20:00. 000000000')


>>> ts. to_pydatetime()
datetime. datetime(2019, 2, 14, 12, 20)
```

第 7 章　表格数据分析

　　本章将重点介绍 Python 语言与表格数据分析相关的扩展库及其功能。这里的表格数据是与第 8 章将要介绍的格点数据相对应的一种数据组织形式,泛指在空间上非均匀或者没有空间概念、通常以二维表格存放和展示的数据集。例如,某日 00 时全国所有地面气象站的观测、某一观测站自 1982 年以来逐日的最高和最低温度、某一区域过去发生的所有强天气过程的环境参数等。

　　表格数据主要用于统计分析。由于这种数据和分析需求的普遍性,近年来基于 Python 语言逐步发展出以 Pandas 为核心的表格数据分析工具集。Pandas 以统计分析中最常用的 R 语言作为参考,形成了以 statsmodels、scikit-learn 和 seaborn 为代表的探索性数据分析(Exploratory Data Analysis,EDA)工具集。这些扩展库极大地简化了常见气象数据的统计分析,有效地提高了分析和成果展示的效率。近年来迅速发展的机器学习(深度学习)领域都使用表格形式的训练数据集,因此熟悉这类数据的处理是大数据时代必备的编程技能之一。

　　本章提供的所有示例代码都假设已按如下命令导入了相关的模块。

```
>>>  import numpy as np
>>>  import pandas as pd
```

7.1　Pandas 核心对象

　　使用 Python 进行表格数据分析的第一步是将数据表示为 Pandas 的两种核心数据对象之一:Series 和 DataFrame。Series 和 DataFrame 对象可以分别理解为增强的一维和二维数组,且 DataFrame 的每列数据可看作一个 Series 对象。Series 和 DataFrame 对象在底层都使用 NumPy 数组表示实际的数据,因此在处理大量数据时具有很高的效率。下面先详细介绍 Pandas 核心数据对象的创建和使用方法。

7.1.1　Series 对象

创建对象

Series 对象与一维 NumPy 数组相似,包含按顺序存放的一组数据。它与数组的主要差别是其元素都对应一个标签[①]。除了按照和数组类似的方式以位置访问 Series 对象的元素,还可以使用标签访问对象的元素。创建 Series 对象最基本的方法是将一维序列作为其构造函数的参数。

```
>>> s1 = pd.Series([2, 0, 1, 9])
>>> s1
0    2
1    0
2    1
3    9
dtype: int64
```

从对象 s1 的输出可见,Series 对象实际包含等长的两列数据,其中一列为每个元素对应的标签,另一列为每个元素的值。以上代码在创建 s1 对象时没有为元素指定标签,所以 Pandas 按照元素的顺序为每个元素指定了从 0 开始的整数作为标签,这样的标签称为默认标签。所有元素的标签构成了对象的标签序列。注意在后续内容中为了叙述的方便,在上下文不混淆的情况下,将不再区分对象的标签序列和元素的标签。

Series 对象的标签和元素可以通过其 index 和 values 属性访问。

```
>>> s1.index
RangeIndex(start=0, stop=4, step=1)

>>> s1.values
array([2, 0, 1, 9])
```

创建 Series 对象时,可以通过构造函数的 index 参数为元素指定标签,标签与元素的个数必须相等。

```
>>> s2 = pd.Series([2, 0, 1, 9], index=['d', 'b', 'a', 'c'])
>>> s2
d    2
b    0
a    1
c    9
dtype: int64
>>> s2.index
Index(['d', 'b', 'a', 'c'], dtype='object')
```

---

① 2.2.4 节介绍序列对象时引入了索引(indexing)操作,而 Pandas 同样使用了英文 index 作为标签的属性名。为了避免与索引操作混淆,我们将 Pandas 中 Series 和 DataFrame 对象的 index 属性统一翻译为标签。

　　除了使用两个等长序列，还可以使用字典创建 Series 对象。这种情况下字典的键和值分别成为 Series 对象的标签和元素值。

```
>>> data1 = {'d':2, 'b':0, 'a':1, 'c':9}
>>> s3 = pd.Series(data1)
>>> s3
d    2
b    0
a    1
c    9
dtype: int64
>>> s3.index
Index(['d', 'b', 'a', 'c'], dtype='object')
```

　　通过字典创建 Series 对象时，同样可以通过 index 指定元素的标签。但如上例所示，字典本身已包含标签的信息，所以需要注意参数 index 与字典的键不一致时的结果。

```
>>> s4 = pd.Series(data1, index=['d', 'b', 'a', 'e'])
>>> s4
d    2.0
b    0.0
a    1.0
e    NaN
dtype: float64
```

　　这里参数 index 指定的标签['d','b','a','e']与字典 data1 的键['d','b','a','c']不一致，这种情况下将以 index 参数作为对象最终的标签。由于 index 参数指定的标签'e'在字典中没有对应的元素，创建的 Series 对象对应元素被赋值为 NaN。NaN 是 Pandas 用于表示"无效"（或缺测）数据的特殊值，将在 7.3.1 节中详细介绍其用法。同理，由于字典的键'c'不在 index 参数中，因此该字典元素也不在新创建的 Series 对象中。

　　Series 对象及其标签都包含 name 属性，用于设置标签和数据的文字描述。name 属性对于后面将介绍的表格数据变换有重要意义。

```
>>> s3.name = 'test'
>>> s3.index.name = 'index'
>>> s3
index
a    1
b    2
```

```
c     2
d     0
Name: test, dtype: int64
```

取值与赋值

Series 对象作为数据容器最基本的操作是存取和修改元素值。与创建 Series 对象时的逻辑类似,取值和赋值时也可以将 Series 对象分别看作一维数组(序列)或字典。与一维数组和序列类似,Series 对象支持按位置的索引与切片操作。

```
>>> s3[0], s3[2]
(2, 1)

>>> s3[[0, 1, 3]]    # 整数列表索引,详见 4.3.2 节
d     2
b     0
c     9
dtype: int64

>>> s3[0:3]
d     2
b     0
a     1
dtype: int64

>>> type(s3[0]), type(s3[0:3])
(numpy.int64, pandas.core.series.Series)
```

以上索引和切片操作需要注意的是,两者返回值的类型不同。除了按位置访问元素,Series 对象同时支持按标签进行索引和切片操作,这种操作在概念上与字典对象的元素访问类似,但注意字典对象并不支持切片操作。

```
>>> s3['d'], s3['a']
(2, 1)

>>> s3[['d', 'b', 'a']]
d     2
b     0
a     1
dtype: int64
```

```
>>> s3['d':'a']   # 按标签的切片操作包含最后一个元素
d    2
b    0
a    1
dtype: int64
```

对比按位置和标签的切片操作可见,后者包含切片范围的最后一个元素,即这里标签'a'对应的元素。这与 Python 语言切片操作的一般规则(见 2.2.2)不同,需要特别注意。

将取值操作放在赋值操作符(=)的左侧,即可修改 Series 对象的元素。这里需要注意的是,赋值操作是否能成功与取值返回的对象相关;索引操作只能赋值为标量;切片操作可赋值为等长的序列或标量。

```
>>> s3['d']=2.5
>>> s3['b':'a']=[0.5, 1.6]
>>> s3
d    2.5
b    0.5
a    1.6
c    9.0
dtype: float64
```

```
>>> s3['b':'a']=1.7
>>> s3
d    2.5
b    1.7
a    1.7
c    9.0
dtype: float64
```

除了取值和赋值操作,Series 对象还支持与字典类似的元素包含测试。

```
>>> 'd' in s3
True
```

```
>>> 'f' in s3
False
```

数学运算

Series 对象作为一维数据容器,其主要功能是计算和分析,因此数学运算是最常用的操作。Series 对象参与数学运算时，支持与 NumPy 相似的、以对象为整体的矢量运算。

```
>>> s4 * 2.
d    4.0
b    0.0
a    2.0
e    NaN
dtype: float64

>>> np.power(s4, 2.)
d    4.0
b    0.0
a    1.0
e    NaN
dtype: float64

>>> s4[s4>0]
d    2.0
a    1.0
dtype: float64
```

　　尽管 Series 对象和一维 NumPy 数组操作上相似，从以上代码的运行结果仍然可以看出 Series 对象的两个重要特征：首先，Series 对象的计算结果仍然为 Series 对象，且元素的标签在计算前后保持不变；其次，任意数与 NaN 的数学运算都为 NaN。除此之外，任意数与 NaN 的逻辑运算结果都为 False。

　　以上数学运算的代码仅用到单个 Series 对象。当在两个标签不同的 Series 对象之间进行数学运算时，其结果与 NumPy 数组之间的数学运算有根本的区别。NumPy 数组的加、减、乘、除等数学运算都按照元素的行列位置进行，而 Series 对象之间的数学运算按相同标签进行。

```
>>> data2 = {'a':1, 'b':2, 'c':2, 'd':0}
>>> s5 = pd.Series(data2)
>>> s5
a    1
b    2
c    2
d    0
dtype: int64
```

```
>>> s4
d     2.0
b     0.0
a     1.0
e     NaN
dtype: float64

>>> s4+s5
a     2.0
b     2.0
c     NaN
d     2.0
e     NaN
dtype: float64
```

　　计算过程中如果某个标签仅在其中一个 Series 对象中存在(如以上代码中 s4 的标签'c'和 s3 的标签'd'),运算结果中相应标签的元素值将被赋为 NaN。

7.1.2　DataFrame 对象

　　前面介绍的 Series 对象可看作长度相等的两列数据,分别为标签及其对应的数据。如果将这一数据模型进行扩展,将数据由一列增加为多列,并给每列数据也指定一个标签,就得到了表示二维表格数据的 DataFrame 对象。因此,DataFrame 可理解为多个包含相同标签的 Series 对象组成的字典,字典的键为数据的列名。DataFrame 对象与日常数据处理常用的 Excel 电子表格以及关系数据库(RDB)中的数据表对应。这种表格数据的基本特征是每列数据的类型一致,但不同列的数据类型可以不同,这与 4.7 节介绍的 NumPy 结构数组相似。

创建对象

　　创建 DataFrame 对象有多种方法,这里仅介绍最常见的两种。DataFrame 对象可以看作多个字典,因此可以将特定结构的字典对象转换为 DataFrame 对象,这类字典对象的值须为等长的列表或 NumPy 数组。

```
>>> data = {'stn':['S2', 'S2', 'S2', 'S6', 'S6', 'S6'],
...         'year':[2017, 2018, 2019, 2017, 2018, 2019],
...         'rh':[89, 95, 95, 98, 97, 85],
...         'tc':[30.5, 27.9, 28.8, 28.1, 28.6, 30.0],
...         'spd':[2.4, 0.3, 0.6, 0.7, 1.0, 1.8]}
>>> df1 = pd.DataFrame(data)
>>> df1
  stn  year  rh    tc  spd
```

```
0   S2   2017   89   30.5   2.4
1   S2   2018   95   27.9   0.3
2   S2   2019   95   28.8   0.6
3   S6   2017   98   28.1   0.7
4   S6   2018   97   28.6   1.0
5   S6   2019   85   30.0   1.8
```

观察对象 df1 的输出可见,DataFrame 对象是由多列相同类型数据组成的二维表格。字典 data 的每个元素成为 DataFrame 的一列,字典的每个键成为相应列的标签。DataFrame 对象的行、列标签由属性 index 和 columns 表示。

```
>>> df1.index
RangeIndex(start=0, stop=6, step=1)


>>> df1.columns
Index(['stn', 'year', 'rh', 'tc', 'spd'], dtype='object')
```

创建 DataFrame 对象时,列的名称和顺序可以通过 columns 参数指定。与前面使用字典创建 Series 对象的操作类似,columns 参数指定的列名可以与字典的键不同。

```
>>> pd.DataFrame(data, columns=['year', 'stn', 'tc', 'pres'])
   year stn    tc pres
0  2017  S2  30.5  NaN
1  2018  S2  27.9  NaN
2  2019  S2  28.8  NaN
3  2017  S6  28.1  NaN
4  2018  S6  28.6  NaN
5  2019  S6  30.0  NaN
```

以上代码中 columns 参数指定的列名 'pres' 在字典 data 中不存在,因此创建的 DataFrame 对象对应列的数值为 NaN。另外,DataFrame 对象的行标签可通过参数 index 设置。

```
>>> df1 = pd.DataFrame(data, index=['one', 'two', 'three', 'four',
...                                 'five', 'six'])
>>> df1
       stn  year  rh    tc  spd
one     S2  2017  89  30.5  2.4
two     S2  2018  95  27.9  0.3
three   S2  2019  95  28.8  0.6
four    S6  2017  98  28.1  0.7
```

```
five   S6   2018   97   28.6   1.0
six    S6   2019   85   30.0   1.8
```

　　由于 DataFrame 对象可看作多行和多列数据构成的二维表格,因此第二种创建 Data-
Frame 对象的常用方法是转换二维 NumPy 数组。

```
>>> arr2d = np.random.rand(4,3)
>>> pd.DataFrame(arr2d)
          0          1          2
0   0.375950   0.027882   0.270631
1   0.167681   0.504410   0.334096
2   0.563936   0.393365   0.049033
3   0.322493   0.625095   0.928436
```

　　直接转换二维 NumPy 数组得到的 DataFrame 对象的行和列标签都为默认标签(以数字 0
开始的整数)。通常情况下需要使用 index 和 columns 参数来指定更有指示意义的标签。

```
>>> pd.DataFrame(arr2d, index=['r1', 'r2', 'r3', 'r4'],
...                     columns=['c1', 'c2', 'c3'])
          c1         c2         c3
r1   0.375950   0.027882   0.270631
r2   0.167681   0.504410   0.334096
r3   0.563936   0.393365   0.049033
r4   0.322493   0.625095   0.928436
```

　　与 Series 对象类似,DataFrame 对象的行列标签 index 和 columns 同样包含 name 属性。

```
>>> df1.index.name = 'seq'
>>> df1.columns.name = 'variables'
>>> df1
variables  stn   year   rh    tc    spd
seq
one        S2    2017   89   30.5   2.4
two        S2    2018   95   27.9   0.3
three      S2    2019   95   28.8   0.6
four       S6    2017   98   28.1   0.7
five       S6    2018   97   28.6   1.0
six        S6    2019   85   30.0   1.8
```

元素访问

DataFrame 对象的取值和赋值操作与前面介绍的 Series 对象相似,都可以按位置或按标

签实现索引和切片操作。但是，DataFrame 对象同时包含行(index)和列(columns)两个标签，
且存在取全部或部分行和列的情况，因此其可能的操作比 Series 对象更为多样。为了避免混
淆，DataFrame 对象提供了 loc 和 iloc 两个属性分别用于按标签和按位置进行元素访问。另
外，对象本身也支持与 Series 对象类似的索引和切片操作。由于多种元素访问方法的存在，需
要特别注意各种操作之间的区别。

　　第一种元素访问的操作方式与 Series 对象类似，以 DataFrame 对象本身作为操作目标。
需要注意的是，Pandas 的官方文档推荐使用 loc 和 iloc 属性进行元素访问，以使代码的含义更
加明确。但为了简化一些较为常见的元素访问操作，DataFrame 对象仍支持以对象本身为基
础的操作。根据具体输入的不同，取值操作可能返回行或者列。

```
>>> df1['stn']
seq
one       S2
two       S2
three     S2
four      S6
five      S6
six       S6
Name: stn, dtype: object

>>> df1[['year', 'stn', 'tc']]
variables   year stn    tc
seq
one         2017  S2  30.5
two         2018  S2  27.9
three       2019  S2  28.8
four        2017  S6  28.1
five        2018  S6  28.6
six         2019  S6  30.0
```

　　以上代码使用单个列标签或列标签组成的列表获取对象的部分列。这种操作仅对列标签
有效，不能使用行标签。

```
>>> df1['one']
KeyError:'one'

>>> df1[['one', 'three']]
KeyError: "None of [Index(['one', 'three'], dtype='object',
name='variables')] are in the [columns]"
```

当访问对象的某一列数据时,还可以以列名作为对象的属性进行操作,这时该列名须为合法的 Python 名字(参见 2.3.1 节)。

```
>>> df1.tc
one      30.5
two      27.9
three    28.8
four     28.1
five     28.6
six      30.0
Name: tc, dtype: float64
```

以对象为目标的元素访问同样支持切片操作,但是仅支持行位置或行标签。

```
>>> df1['one':'two']
variables stn   year  rh    tc    spd
seq
one       S2    2017  89    30.5  2.4
two       S2    2018  95    27.9  0.3


>>> df1[0:2]
variables stn   year  rh    tc    spd
seq
one       S2    2017  89    30.5  2.4
two       S2    2018  95    27.9  0.3


>>> df1['year':'tc']
KeyError: 'year'
```

基于对象本身的元素访问有较多的局限性。首先,取值操作形式上的细微差别可能带来结果的巨大差异,对初学者而言容易产生混淆。其次,这种方式仅适合访问整行或者整列数据,不支持访问任意大小的子集。DataFrame 对象的 loc 和 iloc 属性分别提供了按标签和按位置的元素访问方法,使用它们可使得代码逻辑更为明确和清晰。loc 和 iloc 属性的基本使用语法如下。

```
DataFrame.loc[row, col]
DataFrame.iloc[irow, icol]
```

其中 row 和 col 分别表示标签形式的索引值,可以是":"、单个标签、标签组成的序列或切片对象。两个参数中列索引 col 可省略,当省略时将返回所有列。irow 和 icol 表示 0 开始的整数,其使用规则与 row 和 col 的完全一致。下面的代码首先演示使用 loc 属性访问整行元素的方法。

```
>>> df1.loc['one']     # 等价于 df1.loc['one', :]
stn       S2
year      2017
rh        89
tc        30.5
spd       2.4
Name: 0, dtype: object


>>> df1.loc[['one', 'two']]     # 等价于 df1.loc[['one', 'two'], :]
variables stn  year   rh    tc   spd
seq
one       S2   2017   89   30.5  2.4
two       S2   2018   95   27.9  0.0


>>> df1.loc['one':'three']     # 等价于 df1.loc['one':'three', :]
variables stn  year   rh    tc   spd
seq
one       S2   2017   89   30.5  2.4
two       S2   2018   95   27.9  0.0
three     S2   2019   95   28.8  0.6
```

访问整列需要在行索引 row 的位置使用 "："，其他语法规则与以上代码一致。根据选取列数的不同，操作的返回值可能为 Series 或 DataFrame 对象。

```
>>> df1.loc[:, 'tc']
seq
one       30.5
two       27.9
three     28.8
four      28.1
five      28.6
six       30.0
Name: tc, dtype: float64


>>> df1.loc[:, ['tc', 'spd']]
variables    tc   spd
seq
one          30.5  2.4
```

```
two          27.9   0.3
three        28.8   0.6
four         28.1   0.7
five         28.6   1.0
six          30.0   1.8

>>> df1.loc[:, 'rh':'tc']
variables  rh    tc
seq
one        89    30.5
two        95    27.9
three      95    28.8
four       98    28.1
five       97    28.6
six        85    30.0
```

当同时指定行、列索引时,可访问 DataFrame 对象的任意大小子集。这种情况下返回值为 DataFrame 对象。

```
>>> df2 = df1.loc[['one', 'three', 'five'], 'rh':'spd']
>>> df2
variables  rh    tc    spd
seq
one        89    30.5   2.4
three      95    28.8   0.6
five       97    28.6   1.0
```

除了以整数来选择 DataFrame 的行、列数据之外,通过 iloc 属性进行取值操作与通过 loc 属性完全一致。

```
>>> df1.iloc[0]     # 等价于 df1.iloc[0, :]
stn      S2
year     2017
rh       89
tc       30.5
spd      2.4

>>> df1.iloc[[0, 2]]    # 等价于 df1.iloc[[0, 2], :]
     stn  year  rh    tc   spd
one  S2   2017  89   30.5  2.4
```

```
three  S2  2019  95  28.8  0.6

>>> df1.iloc[0:2]    # 等价于 df1.iloc[0:2, :]
variables stn  year  rh   tc   spd
seq
one        S2  2017  89  30.5  2.4
two        S2  2018  95  27.9  0.3
```

参考以上代码容易实现取整列的操作,这里不再赘述。通过混用行、列索引值,同样可以实现任意大小子集的存取。

```
>>> df1.iloc[[0, 2, 4], 2:]
variables  rh   tc   spd
seq
one        89  30.5  2.4
three      95  28.8  0.6
five       97  28.6  1.0
```

对 DataFrame 对象进行赋值的基本原则也与 Series 对象类似。根据元素访问操作返回值的类型,可以用标量、一维或二维数组(序列)进行赋值。当索引操作使用的行、列标签不存在时,Pandas 将创建新的行或者列。

```
>>> df1['dir']=22.
>>> df1
       stn   year    rh    tc   spd   dir
one    S2  2017.0  90.0  30.5  2.4  22.0
two    S2  2018.0  95.0  27.9  0.3  22.0
three  S2  2019.0  95.0  28.8  0.6  22.0
four   S6  2017.0  98.0  28.1  0.7  22.0
five   S6  2018.0  97.0  28.6  1.0  22.0
six    S6  2019.0  85.0  30.0  1.8  22.0

>>> df1.loc['three':'four', 'tc']=[29.3, 28.6]
>>> df1
       stn   year    rh    tc   spd   dir
one    S2  2017.0  90.0  30.5  2.4  22.0
two    S2  2018.0  95.0  27.9  0.3  22.0
three  S2  2019.0  95.0  29.3  0.6  22.0
four   S6  2017.0  98.0  28.6  0.7  22.0
five   S6  2018.0  97.0  28.6  1.0  22.0
```

```
six    S6   2019.0   85.0   30.0   1.8   22.0

>>> df1.loc['three':'four', 'tc':'spd'] =[[29.5, 0.65],
...                                         [28.1, 0.75]]
>>> df1
        stn    year     rh     tc    spd    dir
one     S2   2017.0   90.0   30.5   2.40   22.0
two     S2   2018.0   95.0   27.9   0.30   22.0
three   S2   2019.0   95.0   29.5   0.65   22.0
four    S6   2017.0   98.0   28.1   0.75   22.0
five    S6   2018.0   97.0   28.6   1.00   22.0
six     S6   2019.0   85.0   30.0   1.80   22.0
```

删除 DataFrame 对象的某行或列使用 drop 方法。

```
>>> df1.drop('dir', axis=1, inplace=False)
        stn    year     rh     tc    spd
one     S2   2017.0   90.0   30.5   2.40
two     S2   2018.0   95.0   27.9   0.30
three   S2   2019.0   95.0   29.5   0.65
four    S6   2017.0   98.0   28.1   0.75
five    S6   2018.0   97.0   28.6   1.00
six     S6   2019.0   85.0   30.0   1.80

>>> df1.drop('six', axis=0, inplace=False)
        stn    year     rh     tc    spd    dir
one     S2   2017.0   90.0   30.5   2.40   22.0
two     S2   2018.0   95.0   27.9   0.30   22.0
three   S2   2019.0   95.0   29.5   0.65   22.0
four    S6   2017.0   98.0   28.1   0.75   22.0
five    S6   2018.0   97.0   28.6   1.00   22.0
```

　　drop 方法包含 3 个常用参数。第一个参数为标签名,第二个参数 axis 表示第一个参数是行(axis＝0)或列(axis＝1)标签。第三个参数 inplace＝False 时将返回新对象,反之则直接修改原对象。参数 axis 和 inplace 是 Pandas 数据修改函数和方法常用的参数。另外,删除列时也可以使用 Python 自带的 del 操作符。

```
>>> del df1['dir']
>>> df1
        stn    year     rh     tc    spd
one     S2   2017.0   90.0   30.5   2.40
```

```
two     S2   2018.0   95.0   27.9   0.30
three   S2   2019.0   95.0   29.5   0.65
four    S6   2017.0   98.0   28.1   0.75
five    S6   2018.0   97.0   28.6   1.00
six     S6   2019.0   85.0   30.0   1.80
```

数学运算

当 DataFrame 对象的元素全为数字时,支持与二维 NumPy 数组类似的算术运算。与前面介绍的 Series 对象一致,计算结果的行、列标签保持不变。

```
>>> np.power(df2, 1.5)
variables       rh          tc          spd
seq
one         839.624321   168.441756   3.718064
three       925.945463   154.557019   0.464758
five        955.339207   152.949848   1.000000

>>> df2 * 1.1
variables    rh      tc     spd
seq
one         97.9   33.55   2.64
three      104.5   31.68   0.66
five       106.7   31.46   1.10
```

当对象包含的数据不支持相应的算术操作符时,程序将报错。

```
>>> df1 * 1.1
TypeError: can't multiply sequence by non-int of type 'float'
```

多个 DataFrame 对象之间的数学运算同样按标签匹配元素。如果某一标签仅在单个对象中存在,计算结果中对应标签的元素将被赋值为 NaN。

```
>>> df3 = pd.DataFrame(np.arange(1, 10).reshape(3, 3),
...                    index=['one', 'three', 'four'],
...                    columns=['tc', 'spd', 'dir'])

>>> df3
        tc   spd   dir
one      1    2     3
three    4    5     6
four     7    8     9
```

```
>>> df2 + df3
        dir  rh  spd    tc
five   NaN NaN  NaN   NaN
four   NaN NaN  NaN   NaN
one    NaN NaN  4.4  31.5
three  NaN NaN  5.6  32.8
```

7.1.3　标签对象

　　从以上介绍可以看出,Pandas 的两个核心数据对象与 NumPy 数组的主要区别是标签的使用。Series 和 DataFrame 对象的标签也是一种 Python 对象,它用于标记特定元素的位置。前面示例代码出现的标签对象可看作一维序列,即标签只有一个层次。本节后面的内容还将介绍多层次标签,这种标签对象的元素为元组。另外,标签对象与元组类似,属于不可修改的序列对象。

```
>>> df2.index
Index(['one', 'three', 'five'], dtype='object', name='seq')

>>> df2.index[0] = 'two'
TypeError: Index does not support mutable operations
```

　　根据标签对象所包含元素的类型,Pandas 定义了如表 7-1 所示的多种标签类型。这些标签类型针对特定的元素类型进行了优化,支持与特定类型相关的属性和操作。

表 7-1　Pandas 内置标签对象类型

标签类名	说明
Index	元素为任意可散列(hashable)Python 对象
RangeIndex	元素为单调整数序列(与 range 函数对应)
Int64Index	元素为任意整数
DatetimeIndex	元素为 Timestamp 对象
CategoricalIndex	元素类型为固定类别值
MultiIndex	多层次标签

标签常用操作

　　数据分析过程中,DataFrame 对象的标签可能发生变化。另外,Pandas 的很多函数和方法需要被操作的数据对象的标签满足特定的要求。因此掌握标签对象的常用处理方法,对于灵活运用 Pandas 的数据分析功能十分重要。这里重点介绍表 7-2 所示的三个常用的标签对象操作方法。

表 7-2 常用标签对象操作方法

方法名	说明
set_index	设置新标签
reindex	将原数据对象映射到某一新标签上
reset_index	将当前标签变为一列数据,并恢复使用默认标签

set_index 方法用于将 DataFrame 对象的某列数据或与原标签等长的序列作为新的行标签,对象原来的行标签将被删除。

```
>>> df3 = df1.loc[['one','three'], 'year':'spd']
>>> df3.set_index('year', inplace= True)  # year 对应列作为行标签
>>> df3
variables  rh    tc   spd
year
2017       89   30.5  2.40
2019       95   29.5  0.65
```

reindex 方法接受一个序列作为原 Pandas 数据对象的新标签,并将原对象的数据映射到这一新标签。新旧标签中对应的元素将被保留,而旧标签中不存在的元素,将被赋以 NaN 或通过插值算法进行填补。利用 axis 参数,reindex 方法可分别应用于行(axis=0)或列(axis=1)。

```
>>> df3.reindex([2017, 2018, 2019])    # axis=0 为默认情况,可省略
variables   rh    tc   spd
year
2017       89.0  30.5  2.40
2018       NaN   NaN   NaN
2019       95.0  29.5  0.65
```

以上代码使用序列[2017, 2018, 2019]作为新标签,由于标签值 2017 和 2019 已存在,因此其对应行被直接拷贝到新对象。新标签值 2018 被赋以默认值 NaN。以上代码的结果可通过赋值语句 df3.loc[2018]=NaN 实现。除了使用 NaN 作为新增加标签的元素值,还可以利用 reindex 提供的插值功能从原数据中获得值。reindex 支持的插值方法如表 7-3 所示,由 method 参数指定。

```
>>> df3.reindex([2017, 2018, 2019], method='ffill')
variables  rh    tc   spd
year
2017       89   30.5  2.40
2018       89   30.5  2.40
```

```
2019        95  29.5  0.65


>>> df3.reindex([2017, 2018, 2019], method='bfill')
variables  rh    tc  spd
year
2017        89  30.5  2.40
2018        95  29.5  0.65
2019        95  29.5  0.65
```

表 7-3　reindex 方法支持的插值方法

方法名	说明
None	不填充缺测值
backfill/bfill	使用下一个有效值填补缺测
pad/ffill	使用上一个有效值填补缺测
nearest	使用最近的有效值填补缺测

reset_index 方法用于将 DataFrame 对象的行标签转换为一列数据,并使用默认标签作为对象的新标签。

```
>>> df3.reset_index()
variables  year  rh    tc  spd
0          2017  89  30.5  2.40
1          2019  95  29.5  0.65
```

多层次标签

前面代码中出现的标签对象都对应一维序列,标签序列的每个元素都为标量。Pandas 同时支持标签元素为元组的多层次标签(MultiIndex)。多层次标签可以将高维数据表示为二维表格,以便借助于 DataFrame 的相关方法进行分析。除此之外,多层次标签是后面将要介绍的分组和聚合等重要操作的基础。

创建 Series 或 DataFrame 对象时,使用嵌套的列表(或二维数组)作为 index(或 columns)参数,即可创建多层次标签。

```
>>> mindex =[['a', 'a', 'b', 'b'], ['k', 'l', 'm', 'n']]
>>> sr1 =pd.Series(np.arange(4), index=mindex)
>>> sr1
a  k    0
   l    1
b  m    2
   n    3
```

```
dtype: int64
```

从以上代码的输出可见,这里创建的 Series 对象 sr1 的标签显示为两列,分别对应第 1 和 2 层标签。注意第 2、4 行输出没有显示第 1 层标签的值,这表示该层次的标签与上一元素相同。多层次标签的取值操作与前面介绍的单层次标签一致。但由于每个标签存在多个级别的值,因此可以仅使用部分级别标签进行取值操作。

```
>>> sr1['a']
k    0
l    1
dtype: int64

>>> sr1['b', 'm']
2

>>> sr1['b']['m']
2

>>> sr1[('b', 'm')]
2
```

注意最后三行输入代码的返回值相同,因此它们的操作等价。这里推荐使用最后一种语法,它明确地反映数据对象使用多层次标签这一特征。

DataFrame 对象包含行和列两个标签,两个标签都可以为多层次标签。以下代码创建了使用多层次行标签的 DataFrame 对象。

```
>>> df1 =pd.DataFrame(np.arange(12).reshape((4, 3)),
...     index=mindex, columns=['c1', 'c2', 'c3'])
>>> df1
      c1  c2  c3
a k    0   1   2
  l    3   4   5
b m    6   7   8
  n    9  10  11
```

前面介绍的 set_index 方法可将 DataFrame 对象的某列数据作为新行标签,当其参数为多个列名组成的序列时,返回的对象将使用多层次行标签。

```
>>> df2 =pd.read_csv('ex5.csv', parse_dates=['datetime'])
>>> df2.head()
```

```
      stn         datetime      tc    td    pres   dir   spd
0   56187 2019-02-14 00:00:00   1.7 -3.6  1025.4  295.0  1.0
1   58238 2019-02-14 00:00:00   1.1 -3.0  1022.7  262.0  1.0
2   56187 2019-02-14 01:00:00   0.6 -2.6  1024.8  352.0  0.7
3   58238 2019-02-14 01:00:00   1.2 -3.5  1022.5  177.0  2.1
4   56187 2019-02-14 02:00:00   1.2 -3.5  1024.4  115.0  1.5
```

```
>>> df3 =df2.set_index(['stn', 'datetime'])
>>> df3
```

```
                              tc    td    pres   dir   spd
stn   datetime
56187 2019-02-14 00:00:00    1.7 -3.6  1025.4  295.0  1.0
58238 2019-02-14 00:00:00    1.1 -3.0  1022.7  262.0  1.0
56187 2019-02-14 01:00:00    0.6 -2.6  1024.8  352.0  0.7
58238 2019-02-14 01:00:00    1.2 -3.5  1022.5  177.0  2.1
56187 2019-02-14 02:00:00    1.2 -3.5  1024.4  115.0  1.5
58238 2019-02-14 02:00:00    2.0 -2.9  1022.6  211.0  1.8
```

```
>>> df3.index
MultiIndex(levels=[[56187, 58238], [2019-02-14 00:00:00, 2019- 02-14 01:00:00, 2019-
02-14 02:00:00, 2019-02-14 03:00:00, 2019-02-14 04:00:00, 2019-02-14 05:00:00]],
          codes=[[0, 1, 0, 1, 0, 1, 0, 1, 0, 1, 0, 1],
                 [0, 0, 1, 1, 2, 2, 3, 3, 4, 4, 5, 5]],
          names=['stn', 'datetime'])
```

对于使用多层次标签的 DataFrame 对象,其取值和赋值操作与 7.1.1 节介绍的单层次标签一致,仅须注意多层次标签特有的部分索引操作。例如对于上面的对象 df3,可以通过部分索引选择站点 56187 的数据。

```
>>> df3.loc[56187]
                             tc    td    pres    dir   spd
datetime
2019-02-14 00:00:00         1.7 -3.6  1025.4  295.0  1.0
2019-02-14 01:00:00         0.6 -2.6  1024.8  352.0  0.7
2019-02-14 02:00:00         1.2 -3.5  1024.4  115.0  1.5
2019-02-14 03:00:00         1.2 -2.9  1023.8    NaN  0.0
2019-02-14 04:00:00         1.0 -2.6  1023.1   25.0  1.1
2019-02-14 05:00:00         0.2 -2.7  1022.8  101.0  0.9
```

以上代码中的部分索引操作针对第 1 层标签,但同样也可以用于第 2 层标签。对内层标签进行部分索引操作时,要求标签已使用 sort_index 方法进行排序。标签对象的 is_lexsorted 方法用于判断对象的排序状态。

```
>>> df3.index.is_lexsorted()
False


>>> df4 = df3.sort_index()
>>> df4.index.is_lexsorted()
True
```

多层次标签的取值和赋值操作与单层次标签相似,同样可以使用对象本身、loc 和 iloc 属性进行操作,读者可参考前面的代码自行测试。唯一不同的地方是,需要将单层次标签中标量索引值替换为与标签层次数相等的元组索引值。

```
>>> df4.loc[(slice(None), '2019-02-14 02:00:00'), :]
                          tc    td    pres    dir  spd
stn   datetime
56187 2019-02-14 02:00:00   1.2  -3.5  1024.4  115.0  1.5
58238 2019-02-14 02:00:00   2.0  -2.9  1022.6  211.0  1.8
```

以上代码使用 loc 属性按标签进行取值,由于对象的行标签为多层次标签,因此 loc 属性的第一个索引为元组对象。该元组由两个元素组成,分别对应第 1、2 层标签。由于这里仅针对第 2 层标签进行取值,因此第一个元素使用了特殊的切片对象 slice(None),它表示选取第 1 层的所有标签。另外,前面在介绍单层次标签的取值操作时,提到使用 loc 属性取整行可省略第二个索引值。注意这一规则对多层次标签不适用。

```
>>> df4.loc[(slice(None), '2019-02-14 02:00:00')]
KeyError: '2019-02-14 02:00:00'
```

7.2　数据读写

前面介绍 Pandas 核心数据对象时,手动创建了一些简单示例数据。实际资料处理过程中,数据通常来自文件、数据库或者互联网。Pandas 提供了方便的函数与方法将这些数据转换为 Pandas 核心数据对象。由于篇幅原因,本节仅介绍在气象资料处理中最常见的、以文件为载体的数据。Pandas 支持的其他数据类型可查阅官方文档(附录 A 表 A-1 第 12 行)。

7.2.1　读写文本文件

二维表格数据最常见的存储格式是逗号分隔值(Comma-Separated Values,CSV)文件。

这种数据文件通常以 .csv 作为后缀，由多行和多列数据构成。每行包含个数相同、由逗号分隔的多个数值，每列表示一个数值类型相同的变量。另外，文件第一行数据通常表示每列变量的名字。图 7-1 显示了一个标准格式的 csv 文件，第一行数据为每列数据的名称（表头），虚线方框为数据部分。对于这样的文件，调用 Pandas 的 read_csv 函数即可将文本数据转换为对应的 DataFrame 对象。

```
>>> df1 = pd.read_csv('data/ch7/ex1.csv')
>>> df1.head()
    tc    td    pres    wdir    wspd
0   0.9  -5.6   1021.1  166.0   3.7
1   0.9  -7.6   1023.2  129.0   1.8
2   1.2  -2.9   1021.8  141.0   3.0
3   1.5  -3.4   1021.8  172.0   3.5
4   1.9  -3.0   1022.5  155.0   0.6
```

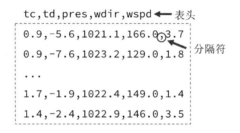

图 7-1　csv 文件标准格式（选自附件 data/ch7/ex1.csv）

实际的 csv 文件可能并不完全符合图 7-1 所示的标准格式。因此 read_csv 函数提供了多种参数来适应具体文件在格式上的差异。由于实际文件的差异可能多种多样，这里仅介绍在实际数据处理中最常用的几个参数（表 7-4）。

表 7-4　read_csv 函数常用参数说明

参数名	默认值	说明
sep	","	数据元素分隔符
header	None	包含列名的行序号
names	None	作为列名的字符串序列
index_col	None	作为标签的列序号或列名
usecols	None	列名或者列序号组成的序列，仅读取序列中对应的列数据
na_values	标量或序列，用于标记数据中的缺测值
parse_dates	False	逻辑值或列名组成的序列，用于创建日期时间对象

数据分隔符

尽管 csv 标准文件以逗号作为分隔符，但实际数据文件经常使用逗号之外的其他字符（如空格符，如图 7-2 所示）分隔数值。read_csv 函数的 sep 参数用于指定文件中实际的分隔符。下列代码用于读取附件 data/ch7/ex2.csv，该文件使用空格作为数值分隔符。

```
>>> df2 = pd.read_csv('data/ch7/ex2.csv', sep=' ')
>>> df2.head()
   Station    tc     td    pres     dir   spd
0    58203  -0.1  -1.4  1019.7    70.0   0.6
1    58202   1.3  -0.5  1019.2    84.0   2.0
2    58129   0.8  -1.3  1022.6   143.0   0.9
3    58128   0.3  -2.6  1021.8    79.0   0.8
4    58127   1.1  -0.8  1021.0   121.0   1.9
```

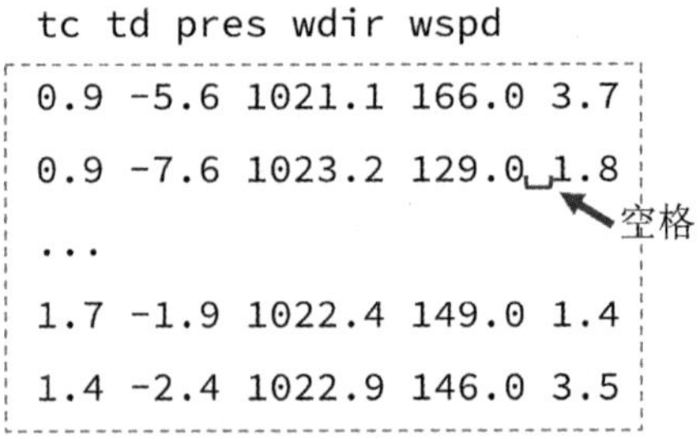

图 7-2　空格作为分隔符的 csv 文件(附件 data/ch7/ex2.csv)

行列标签

通过 csv 文件创建的 Pandas 数据对象,其行列标签与文件的内容相关。对于行标签而言存在如下两种情况:1)如果首行和数据部分的列数相同,将使用默认标签,或通过 index_col 参数指定任意一列作为行标签;2)如果文件首行的列数少于数据部分的列数,数据部分多出的前几列数据将成为行标签。特别是当数据部分比首行多出的列数超过一列时将创建多层次行标签,且多出的每列数据从左至右依次成为多层次标签的单层标签。

```
>>> df3 = pd.read_csv('data/ch7/ex2.csv', sep=' ', index_col=0)
>>> df3.head()
           tc     td     pres     dir   spd
Station
58203    -0.1  -1.4   1019.7    70.0   0.6
58202     1.3  -0.5   1019.2    84.0   2.0
58129     0.8  -1.3   1022.6   143.0   0.9
58128     0.3  -2.6   1021.8    79.0   0.8
58127     1.1  -0.8   1021.0   121.0   1.9
```

默认情况下 read_csv 函数使用文件第一行数据(表头)作为列标签。如果第一行数据不是列标签,或者用户不希望将其作为列标签,可以设置 header=None,并通过 names 参数指定新的列标签:

```
>>> col_names =['STN', 'TC', 'TD', 'PRES', 'DIR', 'SPD']
>>> df4 =pd.read_csv('data/ch7/ex2.csv', sep='', header=None,
...                       skiprows=1, names=col_names)
>>> df4.head()
     STN    TC    TD    PRES    DIR  SPD
0  58203 -0.1 -1.4  1019.7   70.0  0.6
1  58202  1.3 -0.5  1019.2   84.0  2.0
2  58129  0.8 -1.3  1022.6  143.0  0.9
3  58128  0.3 -2.6  1021.8   79.0  0.8
4  58127  1.1 -0.8  1021.0  121.0  1.9
```

以上代码中的参数 skiprows 为整数 n 时,将跳过文件的前 n 行数据。当其为整数列表时,将跳过列表中整数对应行的数据。

缺测值

使用文本编辑器打开附件 data/ch7/ex2.csv 可以发现,其中包含表示缺测的特殊值 -999。缺测数据是气象观测资料常见的情况,通常由特殊的数值或字符串表示。read_csv 函数的参数 na_values 用于表示文件中的缺测值。

```
>>> df5 = pd.read_csv('data/ch7/ex2.csv', sep=' ',
...                    na_values=-999.)
>>> df5.tail()
    Station   tc   td   pres    dir  spd
11    58109 -0.9 -2.2  1019.3   68.0  0.9
12    58108 -0.5 -2.6  1019.4   48.0  1.5
13    58107  2.5 -2.2  1018.7  110.0  3.1
14    58016 -2.1 -3.5  1020.0    NaN  0.0
15    58015 -1.1 -3.0  1018.7  163.0  0.4
```

从以上代码可见,文件中与参数 na_values 相同的元素被替换为特殊值 NaN。除了使用单个字符串或数字,na_values 参数也可为字符串或数字组成的列表,适用于文件中有多个不同缺测值(或无效值)的情况。

日期时间

如 6.2 节关于日期时间的介绍所述,气象数据通常是时间和空间的函数,因此 csv 文件常包含日期时间数据。图 7-3 显示了一个包含日期时间的 csv 文件的部分内容。该文件的第一列表示数据的观测时间,可通过如下代码读取。

```
>>> df6 = pd.read_csv('data/ch7/ex3.csv',
...                    parse_dates=['datetime'])
```

```
datetime,tc,td,pres,dir,spd
2018/1/14 0:00:00,1.7,-3.6,1025.4,295.0,1.0
2018/1/14 1:00:00,0.6,-2.6,1024.8,352.0,0.7
2018/1/14 2:00:00,1.2,-3.5,1024.4,115.0,1.5
2018/1/14 3:00:00,1.2,-2.9,1023.8,-999.,0.0
2018/1/14 4:00:00,1.0,-2.6,1023.1,25.0,1.1
```
日期时间列

图 7-3　包含日期时间数据的文本文件（选自附件 data/ch7/ex3. csv）

参数 parse_dates 用于设置是否将某列（或某几列）数据按日期时间格式进行解析,该参数最常用的形式是由列名组成的列表（如上例所示）。另外该参数也可为逻辑值 False 或 True,为 False 时表示不进行日期时间解析,为 True 时表示将整行数据按日期时间解析。

文件编码

中文版 Windows 操作系统使用 GB2312 作为默认字符编码,在其中创建的文本文件也默认使用该字符编码（如附件 data/ch7/20180114. csv）。但是,Python 使用 utf8 作为默认字符编码,因此在读取 GB2312 编码的文本文件时可能出现解码错误。

```
>>> pd. read_csv('data/ch7/20180114. csv')
UnicodeDecodeError: 'utf- 8' codec can't decode byte 0xb9...
```

这时需要使用 encoding 参数为文本文件指定正确的编码。由于中文版 Windows 操作系统在国内的广泛使用,特别需要注意在读取文本文件时添加该参数。

```
>>> df7 = pd. read_csv('data/ch7/20180114. csv', encoding='gb2312')
>>> df7. iloc[:3, :4]
   StationId    观测时间   相对湿度  露点温度
0    58015 2018-01-14    62   - 5. 6
1    58016 2018-01-14    53   - 7. 6
2    58107 2018-01-14    74   - 2. 9
```

7. 2. 2　读取 Excel 文件

另一种常见的表格数据来源为微软公司 Excel 软件的默认数据文件（以 . xls 或 . xlsx 为后缀）。值得注意的是,在安装了该软件的计算机中,前面介绍的 csv 文件默认也以 Excel 软件打开。但是,这两种文件的内部结构完全不同,需要注意它们的区别并使用相应的函数进行读取。Pandas 提供 read_excel 函数读取 Excel 文件,其在底层实际调用 Python 第三方库 xlrd 和 openpyxl 完成文件格式的解析。因此在使用 read_excel 函数之前,须确认以上扩展库已正确安装。read_excel 函数的最基本调用形式如下。

```
pd.read_excel(fp, sheet_name=0)
```

其中 fp 为字符串路径或类文件对象[①]，sheet_name 为整数或字符串，表示读取文件中某一张数据表。以下的代码用于读取附件提供的 Excel 示例文件。

```
>>> pd.read_excel('data/ch7/airport.xlsx', index_col=0,
...                parse_dates=['UTC'])
                     风向  风速  气温  相对湿度  低云量  总云量  修正气压
UTC
2000-01-01 00:00:00   90   3   9.3     95     7    7   1020.1
2000-01-01 01:00:00  100   4  11.8     89     5    5   1020.0
2000-01-01 02:00:00   90   3  12.0     88     5    5   1020.4
2000-01-01 03:00:00   90   5  14.7     83     0    0   1019.1
2000-01-01 04:00:00  110   3  15.0     80     3    3   1018.4
...                  ...  ... ...     ...   ...  ...  ...
2000-01-09 19:00:00  320   6   7.3     99     8    8   1021.1
2000-01-09 20:00:00  330   4   7.7     99     8    8   1021.1
2000-01-09 21:00:00  330   4   7.9     99     8    8   1021.7
2000-01-09 22:00:00  330   4   8.5     99     8    8   1023.0
2000-01-09 23:00:00  360   6   8.6     99     8    8   1023.8
```

由于 Excel 文件包含的单张数据表与前面介绍的 csv 文件的逻辑结构完全一致，因此除没有 sep 参数之外，read_excel 与 read_csv 函数的其他常用参数及其用法完全一致。读者可参考表 7-4 自行测试，这里不再赘述。

7.3　数据处理

7.3.1　预处理

从前面的介绍可知，实际数据通常包含无效或缺测值。另外，DataFrame 对象的各种操作（如 reindex 方法）也可能产生无效数据，这些特殊数据对于分析结果有重要的影响。因此，常需要在分析之前剔除或填补这些特殊数据。Pandas 提供了表 7-5 所示的常用缺测数据处理方法。

---

① "类文件对象"是指任意支持 read 方法的 Python 对象，常见的类文件对象包括：StringIO 和 ByteIO。

表 7-5　常用缺测值处理函数

函数名	说明
isnull	用于判断元素是否为 NaN,是则返回 True
notnull	用于判断元素是否为 NaN,是则返回 False
dropna	用于删除缺测数据
fillna	用于填补缺测数据

isnull 和 notnull 方法分别用于判断 Series 和 DataFrame 对象的元素是否为 NaN。

```
>>> df5 = pd.read_csv('data/ch7/ex2.csv', sep=' ',
...                   na_values=-999.)
>>> df5.iloc[4:6]
   Station   tc    td    pres    dir   spd
4    58127  1.1  -0.8  1021.0  121.0   1.9
5    58126  0.6  -1.5  1022.3    NaN   0.0


>>> df5.iloc[4:6].isnull()
   Station     tc     td   pres    dir    spd
4    False  False  False  False  False  False
5    False  False  False  False   True  False


>>> df5.iloc[4:6].notnull()
   Station    tc    td  pres    dir   spd
4     True  True  True  True   True  True
5     True  True  True  True  False  True


>>> df5.iloc[4:6].dir.isnull()
4    False
5     True
Name: dir, dtype: bool
```

以上代码先使用 iloc 属性选择部分行,再判断选中行是否包含 NaN。isnull 和 notnull 返回对象的元素都为逻辑值。对于数据中的 NaN 值,可以使用 dropna 删除 NaN 对应的行(列)或者使用 fillna 进行填补。dropna 函数常用的调用方式如下。

```
    dropna(axis=0, how='any')
```

其中参数 axis 表示删除包含 NaN 元素的行(axis＝0)或列(axis＝1),any 参数表示进行删除的条件。对于 DataFrame 对象,当 how＝'any'时,存在任意 NaN 值的行或列(取决于 axis 参数)将被删除;而当 how＝'all'时,只有当某行或列的元素全为 NaN 时才会被删除。对于 Series 对象,dropna 将删除 NaN 元素对应的标签。

```
>>> df5.iloc[4:7]
   Station   tc    td     pres     dir  spd
4    58127  1.1 -0.8  1021.0   121.0  1.9
5    58126  0.6 -1.5  1022.3     NaN  0.0
6    58125  0.4 -2.0  1021.7    23.0  0.7


>>> df5.iloc[4:7].dropna()
   Station   tc    td     pres     dir  spd
4    58127  1.1 -0.8  1021.0   121.0  1.9
6    58125  0.4 -2.0  1021.7    23.0  0.7


>>> df5.iloc[:7].dropna(axis=1)
   Station   tc    td     pres  spd
4    58127  1.1 -0.8  1021.0  1.9
5    58126  0.6 -1.5  1022.3  0.0
6    58125  0.4 -2.0  1021.7  0.7


>>> df5.iloc[:7].dropna(how='all')
   Station   tc    td     pres     dir  spd
4    58127  1.1 -0.8  1021.0   121.0  1.9
5    58126  0.6 -1.5  1022.3     NaN  0.0
6    58125  0.4 -2.0  1021.7    23.0  0.7
```

前面介绍的 dropna 方法直接删除 NaN 元素或与其对应的行或列,而 fillna 方法将数据中的 NaN 替换为其他值。fillna 函数常用的调用方式如下。

```
fillna(value=VAL)
fillna(method='ffill', axis=0)
```

第一种调用形式将 NaN 对应的元素替换为参数 value 对应的值。

```
>>> df5.iloc[4:7].fillna(value=999.)
   Station   tc    td     pres     dir  spd
4    58127  1.1 -0.8  1021.0   121.0  1.9
5    58126  0.6 -1.5  1022.3   999.0  0.0
6    58125  0.4 -2.0  1021.7    23.0  0.7
```

第二种调用形式将 NaN 对应的元素替换为相邻的元素值,具体选用的相邻元素由 method 参数确定。这里的 method 参数与 reindex 方法的 method 参数用法一致,可用选项及说明参见表 7-3。

```
>>> df5.iloc[4:7].fillna(method='ffill')
   Station   tc    td    pres    dir   spd
4   58127   1.1  -0.8  1021.0  121.0  1.9
5   58126   0.6  -1.5  1022.3  121.0  0.0
6   58125   0.4  -2.0  1021.7   23.0  0.7

>>> df5.iloc[4:7].fillna(method='bfill')
   Station   tc    td    pres    dir   spd
4   58127   1.1  -0.8  1021.0  121.0  1.9
5   58126   0.6  -1.5  1022.3   23.0  0.0
6   58125   0.4  -2.0  1021.7   23.0  0.7
```

由于 Series 和 DataFrame 对象每列的数据类型相同，默认情况下 fillna 使用同一列(axis ＝0)的相邻元素填补 NaN 值。通过 axis 参数可以选择使用同一行(axis＝1)进行填补。

```
>>> df5.iloc[4:7].fillna(method='bfill', axis=1)
   Station   tc    td    pres    dir   spd
4   58127   1.1  -0.8  1021.0  121.0  1.9
5   58126   0.6  -1.5  1022.3    0.0  0.0
6   58125   0.4  -2.0  1021.7   23.0  0.7
```

7.3.2　合并数据

一次分析所需的全部数据可能分布在不同的文件或已创建的不同数据对象中，因此首先需要将分散的数据合并为单个数据对象。表 7-6 列举了 Pandas 中最常用的两个数据合并函数，分别对应数组(Array-style)和数据库(Database-style)形式的数据合并。这两种合并方式在概念上存在较大差异，下面将通过具体的例子进行详细介绍。

表 7-6　Pandas 提供的常用数据合并函数

函数或方法名	说明
concat	将多个数据对象按行或列方向扩展的方式进行合并
merge	将两个数据对象按某一列元素的对应关系进行合并

concat 函数按行或列扩展的方式合并多个数据对象，与 NumPy 的 concatenate 函数操作类似(参见 4.5.2 节)。与合并 NumPy 数组不同的是，需要注意合并的多个数据对象标签不一致的情况。下面先通过实例说明合并多个 Series 对象的操作。

```
>>> df4 = pd.read_csv('data/ch7/ex5.csv', index_col=[0,1])
>>> s1 = df4.loc[56187, 'tc']
>>> s2 = df4.loc[58238, 'tc']
```

```
>>> s3 = df4. loc[56187, 'td']
>>> pd. concat([s1, s2])
datetime
2019/2/14 0:00:00      1.7
2019/2/14 1:00:00      0.6
2019/2/14 2:00:00      1.2
2019/2/14 3:00:00      1.2
2019/2/14 0:00:00      1.1
2019/2/14 1:00:00      1.2
2019/2/14 2:00:00      2.0
2019/2/14 3:00:00      2.5
Name: tc, dtype: float64

>>> pd. concat([s1, s3], axis=1)
                       tc    td
datetime
2019-02-14 00:00:00   1.7 - 3.6
2019-02-14 01:00:00   0.6 - 2.6
2019-02-14 02:00:00   1.2 - 3.5
2019-02-14 03:00:00   1.2 - 2.9
```

以上代码分别按行和列合并两个 Series 对象,数据扩展的方向由参数 axis 确定。默认情况下按行方向(axis=0)扩展,当指定 axis=1 时按列方向扩展。concat 函数的第一个参数为须合并的多个数据对象组成的列表。合并对象时同样按标签对齐,新创建对象的标签为原对象标签的并集,非共有标签对应的元素值将以 NaN 代替。

```
>>> pd. concat([s1[0:3], s3[2:5]], axis=1)
                       tc    td
datetime
2019-02-14 00:00:00   1.7   NaN
2019-02-14 01:00:00   0.6   NaN
2019-02-14 02:00:00   1.2 - 3.5
2019-02-14 03:00:00   NaN - 2.9
```

如果在合并对象时仅需要保留共有标签对应的元素,可以使用 join 参数。

```
>>> pd. concat([s1[0:3], s3[2:5]], axis=1, join='inner')
                       tc    td
datetime
2019-02-14 02:00:00   1.2 - 3.5
```

　　参数 join 的意义与关系型数据库的数据表合并操作相关,该参数的其他可用值将在 merge 函数中详细介绍。

　　concat 函数创建的新数据对象保留了原数据对象的全部标签。当原对象的标签为默认标签时,新对象继承的标签并无实际意义,因此可以使用 ignore_index 参数忽略这些默认标签,并重新创建新的默认标签。

```
>>> pd.concat([s1, s2], ignore_index=True)
0    1.7
1    0.6
2    1.2
3    1.2
4    1.1
5    1.2
6    2.0
7    2.5
Name: tc, dtype: float64
```

　　以上针对 Series 对象的合并操作可以直接应用到 DataFrame 对象。

```
>>> df5 = df4.loc[56187, 'tc':'td'].iloc[0:2]
>>> df5
                       tc    td
datetime
2019-02-14 00:00:00   1.7  -3.6
2019-02-14 01:00:00   0.6  -2.6


>>> df6 = df4.loc[56187, 'tc':'td'].iloc[2:]
>>> df6
                       tc    td
datetime
2019-02-14 02:00:00   1.2  -3.5
2019-02-14 03:00:00   1.2  -2.9


>>> df7 = df4.loc[56187, 'pres':'spd'].iloc[2:]
                        pres    dir   spd
datetime
2019-02-14 02:00:00   1024.4  115.0   1.5
2019-02-14 03:00:00   1023.8    NaN   0.0
```

```
>>> pd.concat([df5, df6])
                      tc    td
datetime
2019-02-14 00:00:00  1.7 -3.6
2019-02-14 01:00:00  0.6 -2.6
2019-02-14 02:00:00  1.2 -3.5
2019-02-14 03:00:00  1.2 -2.9

>>> pd.concat([df5, df7], axis=1)
                      tc    td    pres    dir    spd
datetime
2019-02-14 00:00:00  1.7 -3.6    NaN    NaN     NaN
2019-02-14 01:00:00  0.6 -2.6    NaN    NaN     NaN
2019-02-14 02:00:00  NaN  NaN  1024.4  115.0    1.5
2019-02-14 03:00:00  NaN  NaN  1023.8    NaN    0.0
```

　　以上代码说明 concat 函数与 NumPy 数组合并操作的相似性,下面将要介绍的 merge 方法与 concat 函数的使用场景有较大差异。merge 方法源自关系型数据库的数据表合并操作,用于将两个数据对象按某种对应关系组合为新的数据对象。merge 函数既是 DataFrame 对象的方法,也是 Pandas 的函数,其基本的调用形式如下。

```
DataFrame.merge(right, how='inner', on=None)
pd.merge(left, right, how='inner', on=None)
```

　　第一种调用形式的 DataFrame 对象等价于第二种调用形式的参数 left。注意前面介绍的 concat 函数可以合并多个数据对象,但 merge 函数仅用于合并两个对象。对于不熟悉 SQL (Structured Query Language)数据库查询语言的读者,可能不易理解 merge 函数的操作逻辑。因此这里先以具体的数据为例,通过分析数据结构的特征说明 merge 的操作逻辑。首先创建如下两个数据对象。

```
>>> df5 = pd.read_csv('data/ch7/ex5.csv',
                  usecols=['stn', 'datetime', 'tc', 'td'])
>>> df5
    stn        datetime     tc    td
0  56187  2019/2/14 0:00:00  1.7 -3.6
1  58238  2019/2/14 0:00:00  1.1 -3.0
2  56187  2019/2/14 1:00:00  0.6 -2.6
3  58238  2019/2/14 1:00:00  1.2 -3.5
4  56187  2019/2/14 2:00:00  1.2 -3.5
5  58238  2019/2/14 2:00:00  2.0 -2.9
```

```
6   56187   2019/2/14 3:00:00   1.2 -2.9
7   58238   2019/2/14 3:00:00   2.5 -2.8

>>> df6 = pd.read_csv('data/ch7/ex6.csv')
>>> df6
     stn   name    lat     lon
0   56187    cd   30.57   104.07
1   58238    nj   32.06   118.79
```

以上代码创建的对象 df5 和 df6 都包含名为 stn 的列,且都仅包含 56187 和 58238 这两个不同的元素值。从实际数据来看,对象 df5 存储了不同站点、不同时刻的温度和露点,而对象 df6 存储了每个观测站的站名和经纬度信息。如果以对象 df5 的 stn 列的数值作为一行数据的标记,那么总是可以在 df6 中找到与之对应的且唯一的一行数据。换而言之,以上两个对象的列 stn 隐含了两个对象(行)数据的一一对应关系。merge 函数的合并操作正是基于这种一一对应关系来合并两个对象的数据。默认情况下,merge 函数自动按两个数据对象的同名列进行合并。

```
>>> pd.merge(df5, df6)
     stn       datetime        tc    td   name    lat     lon
0   56187   2019/2/14 0:00:00   1.7 -3.6    cd   30.57   104.07
1   56187   2019/2/14 1:00:00   0.6 -2.6    cd   30.57   104.07
2   56187   2019/2/14 2:00:00   1.2 -3.5    cd   30.57   104.07
...
5   58238   2019/2/14 1:00:00   1.2 -3.5    nj   32.06   118.79
6   58238   2019/2/14 2:00:00   2.0 -2.9    nj   32.06   118.79
7   58238   2019/2/14 3:00:00   2.5 -2.8    nj   32.06   118.79
```

这里需要注意的是,使用 merge 函数的关键是两个对象之间存在一一对应关系,这种对应无须以相同的列名来体现。当两个对象数据的对应关系包含在不同名的列时,可以通过 left_on 和 right_on 两个参数指定相应的列名。

```
>>> df6.rename({'stn': 'code'}, axis=1)
     code   name    lat     lon
0   56187    cd   30.57   104.07
1   58238    nj   32.06   118.79

>>> pd.merge(df5, df6.rename({'stn': 'code'}, axis=1),
        left_on='stn', right_on='code')
     stn       datetime        tc    td   code name    lat     lon
```

```
0   56187   2019/2/14 0:00:00   1.7 - 3.6   56187   cd   30.57   104.07
1   56187   2019/2/14 1:00:00   0.6 - 2.6   56187   cd   30.57   104.07
2   56187   2019/2/14 2:00:00   1.2 - 3.5   56187   cd   30.57   104.07
...
5   58238   2019/2/14 1:00:00   1.2 - 3.5   58238   nj   32.06   118.79
6   58238   2019/2/14 2:00:00   2.0 - 2.9   58238   nj   32.06   118.79
7   58238   2019/2/14 3:00:00   2.5 - 2.8   58238   nj   32.06   118.79
```

merge 函数创建的新对象保留原对象的所有列名,因此新对象中存在两列完全相同的数据(stn 和 code)。使用前面介绍的 drop 方法可以删除重复的列。

```
>>> pd.merge(df5, df6.rename({'stn': 'code'}, axis=1),
        left_on='stn', right_on='code').drop('code', axis=1)
     stn           datetime   tc    td   name   lat     lon
0   56187   2019/2/14 0:00:00   1.7- 3.6     cd   30.57   104.07
1   56187   2019/2/14 1:00:00   0.6 - 2.6    cd   30.57   104.07
2   56187   2019/2/14 2:00:00   1.2 - 3.5    cd   30.57   104.07
...
5   58238   2019/2/14 1:00:00   1.2 - 3.5    nj   32.06   118.79
6   58238   2019/2/14 2:00:00   2.0 - 2.9    nj   32.06   118.79
7   58238   2019/2/14 3:00:00   2.5 - 2.8    nj   32.06   118.79
```

除了按某列数据进行合并,merge 函数同样支持按行标签合并对象。这时需要将 merge 函数的 left_index 和 right_index 参数设为 True。

```
>>> df7 = df5.set_index('stn')
>>> df7.head()
            datetime   tc    td
stn
56187   2019/2/14 0:00:00   1.7 - 3.6
58238   2019/2/14 0:00:00   1.1 - 3.0
56187   2019/2/14 1:00:00   0.6 - 2.6
58238   2019/2/14 1:00:00   1.2 - 3.5
56187   2019/2/14 2:00:00   1.2 - 3.5

>>> df8 = df6.set_index('stn')
>>> df8.head()
      name    lat     lon
stn
56187   cd   30.57   104.07
```

```
58238   nj  32.06  118.79

>>> pd.merge(df7, df8, left_index=True, right_index=True)
             datetime    tc   td   name    lat    lon
stn
56187   2019/2/14 0:00:00   1.7 -3.6     cd   30.57   104.07
56187   2019/2/14 1:00:00   0.6 -2.6     cd   30.57   104.07
56187   2019/2/14 2:00:00   1.2 -3.5     cd   30.57   104.07
...
58238   2019/2/14 1:00:00   1.2 -3.5     nj   32.06   118.79
58238   2019/2/14 2:00:00   2.0 -2.9     nj   32.06   118.79
58238   2019/2/14 3:00:00   2.5 -2.8     nj   32.06   118.79
```

以上例子中两个对象的数据之间存在一一对应关系,这种情况下的合并称为内连接(inner join)。除了这种一一对应关系,merge 函数还支持多对一和多对多关系的两个数据对象的合并。由于这些情况不如一一对应关系常见,因此请读者自行查阅 SQL 语言关于 join 操作的详细介绍。

7.3.3　分组与聚合

分组

表格数据的一种常见操作是计算其某个子集(或分组)的统计特征,这里的子集指具有相同属性的行或者列的集合。上一节表示站点观测数据的对象 df5 中,具有相同站号或观测时间的数据组成多个子集,基于这些子集可以计算不同站点或时间观测数据的统计特征。这里的统计特征可以是常见的均值、方差等统计量,也可以概括为从多个数值计算得到单个数值的"聚合"操作。由于这种先"分组"再"聚合"操作在表格数据分析中的普遍性,Pandas 提供了强大的 groupby 函数完成相应的操作。groupby 方法最基本的调用形式如下。

```
DataFrame.groupby(col_name)
```

其中,参数 col_name 表示用于确定分组的信息,可以是 DataFrame 对象的列名或任意序列。当使用列名作为参数时,将该列相同的元素分为一组,并把相同元素的值称为组名。groupby 方法的返回值为 GroupBy 对象,该对象为可迭代对象。每次迭代返回包含两个元素的元组,其中第一个元素为组名,第二个元素为同组元素组成的 DataFrame 对象。

```
>>> df5 = pd.read_csv('data/ch7/ex5.csv')
>>> grps = df5.groupby(by='stn')
>>> for lb, g in grps:
>>>     print('group name: ', lb)
>>>     print('# # # # # # # # # # # # # # # # # ')
>>>     print(g)
```

```
>>>     print('\n')
group name: 56187
# # # # # # # # # # # # # # # #
      stn          datetime    tc     td      pres     dir    spd
0   56187   2019/2/14 0:00:00   1.7  - 3.6   1025.4   295.0   1.0
2   56187   2019/2/14 1:00:00   0.6  - 2.6   1024.8   352.0   0.7
4   56187   2019/2/14 2:00:00   1.2  - 3.5   1024.4   115.0   1.5
6   56187   2019/2/14 3:00:00   1.2  - 2.9   1023.8     NaN   0.0


g roup name: 58238
# # # # # # # # # # # # # # # #
      stn          datetime    tc     td      pres     dir    spd
1   58238   2019/2/14 0:00:00   1.1  - 3.0   1022.7   262.0   1.0
3   58238   2019/2/14 1:00:00   1.2  - 3.5   1022.5   177.0   2.1
5   58238   2019/2/14 2:00:00   2.0  - 2.9   1022.6   211.0   1.8
7   58238   2019/2/14 3:00:00   2.5  - 2.8   1022.6   233.0   1.8
```

　　除了使用列名进行分组之外,还可以使用某一层次的行标签进行分组。这时需要使用 level 参数设置用于分组的行标签层次。以下代码得到的分组与上例使用列名 stn 分组的结果相同。

```
>>> grps = df5. set_index('stn'). groupby(level=0)
```

　　除了使用列名和行索引,groupby 方法还支持以其他序列进行分组。同样以前面介绍的对象 df5 为例,假设其观测数据来自两种不同的设备 'a' 和 'b',且前三行数据由设备 'a' 采集,后五行数据由设备 'b' 采集。因此可以按照不同设备名称对数据进行分组。

```
>>> device =['a','a','a','b','b','b','b','b']
>>> for lb, g in df5. groupby(device):
>>>     print(lb)
>>>     print(g)
a
      stn          datetime    tc     td      pres     dir    spd
0   56187   2019/2/14 0:00:00   1.7  - 3.6   1025.4   295.0   1.0
1   58238   2019/2/14 0:00:00   1.1  - 3.0   1022.7   262.0   1.0
2   56187   2019/2/14 1:00:00   0.6  - 2.6   1024.8   352.0   0.7
b
      stn          datetime    tc     td      pres     dir    spd
3   58238   2019/2/14 1:00:00   1.2  - 3.5   1022.5   177.0   2.1
4   56187   2019/2/14 2:00:00   1.2  - 3.5   1024.4   115.0   1.5
```

```
5  58238  2019/2/14 2:00:00  2.0 -2.9  1022.6  211.0  1.8
6  56187  2019/2/14 3:00:00  1.2 -2.9  1023.8   NaN   0.0
7  58238  2019/2/14 3:00:00  2.5 -2.8  1022.6  233.0  1.8
```

groupby 方法的参数 axis 用于选择按行(axis＝0)或者列(axis＝1)进行分组。如以上代码所示,默认情况下按行分组(即 axis＝0),当 axis＝1 时按列分组。

```
>>>  for lb, g in df5.groupby(device[:- 1], axis=1):
>>>      print(lb)
>>>      print(g)
a
     stn          datetime   tc
0  56187  2019/2/14 0:00:00  1.7
1  58238  2019/2/14 0:00:00  1.1
2  56187  2019/2/14 1:00:00  0.6
3  58238  2019/2/14 1:00:00  1.2
4  56187  2019/2/14 2:00:00  1.2
5  58238  2019/2/14 2:00:00  2.0
6  56187  2019/2/14 3:00:00  1.2
7  58238  2019/2/14 3:00:00  2.5
b
     td    pres    dir  spd
0 -3.6  1025.4  295.0  1.0
1 -3.0  1022.7  262.0  1.0
2 -2.6  1024.8  352.0  0.7
3 -3.5  1022.5  177.0  2.1
4 -3.5  1024.4  115.0  1.5
5 -2.9  1022.6  211.0  1.8
6 -2.9  1023.8   NaN   0.0
7 -2.8  1022.6  233.0  1.8
```

注意使用外部序列进行分组时,序列的长度需要与拟分组对象的行或列数相同。如以上代码所示,由于 df5 只有 7 列数据而 device 有 8 个元素,因此在按列分组时,仅使用 device 的前 7 个元素作为分组参数。

聚合

分组操作得到的 GroupBy 对象除了支持迭代操作之外,还支持如表 7-7 所示的常用聚合方法。

表 7-7　**GroupBy 对象支持的常用聚合方法**

方法名	说明
mean	计算分组中每列数据的均值
median	计算分组中每列数据的中位数
sum	计算分组中每列数据的和
min, max	计算分组中每列数据的最小和最大值
std, var	计算分组中每列数据的标准差和方差

```
>>> grps.mean()
        tc     td    pres     dir    spd
stn
56187  1.175 -3.15  1024.6  254.00  0.800
58238  1.700 -3.05  1022.6  220.75  1.675


>>> grps.sum()
        tc     td    pres    dir   spd
stn
56187  4.7 -12.6   4098.4  762.0  3.2
58238  6.8 -12.2   4090.4  883.0  6.7
```

　　注意,以上聚合方法的返回值没有原数据中的 datetime 列,非数字类型的列在聚合计算时将被直接忽略。

　　以上代码进行的分组操作针对对象的所有数据。对于大型的表格数据而言,很多情况下仅须对部分行或列的数据进行计算,这时可以针对部分数据进行分组和聚合操作。这样不仅能简化数据分析的流程,还能提高运算效率。有两种方式可以实现部分数据的分组和聚合操作:1)使用前面介绍的取值操作先选取需要分析的数据,再进行分组和聚合操作;2)对全部数据进行分组,再从返回的 GroupBy 对象选择需要的行或列进行聚合操作。第 2 种方式利用了 groupby 方法延迟操作的特性(laziness),即在调用 DataFrame 对象的 groupby 方法时,实际并未进行分组操作,仅完成了分组所需的准备工作。以下代码演示了这两种不同的部分元素分组方法。

```
>>> df5[['tc', 'td']].groupby(df5['stn']).mean()
        tc     td
stn
56187  1.175 -3.15
58238  1.700 -3.05


>>> df5.groupby('stn')[['tc', 'td']].mean()
        tc     td
```

```
stn
56187   1.175 - 3.15
58238   1.700 - 3.05
```

通用聚合

聚合操作将需要使用大量循环和判断语句才能完成的操作简化为单行代码,极大地提高了代码的可读性和数据分析的效率。但是,GroupBy 对象自带的聚合函数(表 7-7)功能非常有限,并不能满足实际资料处理中复杂多样的计算需求。为此 Pandas 支持用户自定义函数作为聚合操作(表 7-8),该功能通过 GroupBy 对象的 agg 和 apply 方法实现。

表 7-8　GroupBy 对象支持的通用聚合方法

方法名	说明
agg	接受任意输入为 Series 对象,输出为标量的函数
apply	接受任意输入为 DataFrame 对象的函数

agg 和 apply 方法接受一个函数作为参数,通常将这一函数称为"聚合函数"。以上两种方法的主要区别是"聚合函数"接受的参数类型和返回值不同。agg 方法接受的"聚合函数"的参数类型为 Series 对象,返回值为标量。而 apply 方法接受的"聚合函数"的参数类型为 DataFrame 对象,返回值为任意类型对象。下面以具体例子说明 agg 和 apply 方法的区别。假设需要计算分组中每列数据的数值跨度,先创建计算跨度的"聚合函数"。

```
>>> def vspan(arr):
>>>     return arr.max() - arr.min()
```

再将该函数作为 agg 方法的参数,即可计算出每个站点各观测要素的数值范围。

```
>>> df5.groupby('stn').agg(vspan)
        tc   td   pres   dir   spd
stn
56187   1.1  1.0  1.6   237.0  1.5
58238   1.4  0.7  0.2    85.0  1.1
```

表 7-7 列出的 Pandas 内置聚合方法可作为字符串传递给 agg 方法。

```
>>> df5.groupby('stn').agg('mean')  # 等价于 df5.groupby('stn').mean
        tc     td     pres    dir     spd
stn
56187   1.175 - 3.15  1024.6  254.00  0.800
58238   1.700 - 3.05  1022.6  220.75  1.675
```

agg 方法不仅接受单个函数或字符串作为参数,还支持以函数和字符串构成的列表作为参数,这种调用形式可同时返回多个聚合计算结果。

```
>>> df5.groupby('stn')['tc'].agg(['max', 'min', vspan])
        max   min   vspan
stn
56187   1.7   0.6         1.1
58238   2.5   1.1         1.4
```

　　为了简化输出,上例中仅对 df5 的列 tc 进行了聚合操作。同样的操作对于包含多列的对象同样成立,这时返回结果的列标签为多层次标签。

```
>>> df5.groupby('stn')[['tc','td']].agg(['max', 'min', vspan])
        tc                         td
        max   min value_range  max   min vspan
stn
56187   1.7   0.6      1.1 - 2.6 - 3.6      1.0
58238   2.5   1.1      1.4 - 2.8 - 3.5      0.7
```

　　GroupBy 对象的 apply 方法是进行分组计算最通用和最重要的方法,除了实现与 agg 方法相同的聚合功能之外,它还能进行逐元素或任意数量返回值的操作。由于 apply 函数的灵活性,下面通过具体的例子来进行说明。假设需要知道 df5 记录的观测信息中各观测站按某一观测要素最大的两行记录,可以先创建如下的“聚合函数”。

```
>>> def top_two(df, name='tc'):
>>>     return df.sort_values(name)[-2:]
```

注意函数 top_two 的返回值为包含两行数据的 DataFrame 对象,这与之前作为 agg 参数的 vspan 函数的返回值不同。将 top_two 函数应用于对象 df5 的分组。

```
>>> df5.groupby('stn').apply(top_two)
              stn      datetime        tc     td    pres    dir   spd
stn
56187 6    56187  2019/2/14 3:00:00   1.2 - 2.9  1023.8    NaN   0.0
      0    56187  2019/2/14 0:00:00   1.7 - 3.6  1025.4  295.0   1.0
58238 5    58238  2019/2/14 2:00:00   2.0 - 2.9  1022.6  211.0   1.8
      7    58238  2019/2/14 3:00:00   2.5 - 2.8  1022.6  233.0   1.8
>>> df5.groupby('stn').apply(top_two).index
MultiIndex(levels= [[56187, 58238], [0, 5, 6, 7]],
           codes= [[0, 0, 1, 1], [2, 0, 1, 3]],
           names= ['stn', None])
```

　　从以上代码的结果可以看出,apply 方法返回的对象使用了多层次行标签。其返回值等价于将每个分组返回的 DataFrame 对象用 concat 函数合并之后的新对象,合并时使用分组名作为新对象的最外层标签。

前面创建的 top_two 函数包含可选参数 name,这一参数的值可通过 apply 函数的关键字参数传入。下面的代码返回气压值最大的两行数据。

```
>>> df5.groupby('stn').apply(top_two, name='pres')
             stn      datetime      tc    td     pres    dir    spd
stn
56187 2    56187   2019/2/14 1:00:00   0.6  -2.6   1024.8   352.0   0.7
      0    56187   2019/2/14 0:00:00   1.7  -3.6   1025.4   295.0   1.0
58238 7    58238   2019/2/14 3:00:00   2.5  -2.8   1022.6   233.0   1.8
      1    58238   2019/2/14 0:00:00   1.1  -3.0   1022.7   262.0   1.0
```

注意以上例子中站名数据重复出现在行标签和数据中,可以将 groupby 方法的参数 group_keys 设置为 False 以去除重复的数据。

```
>>> df5.groupby('stn', group_keys=False).apply(top_two)
     stn      datetime      tc    td     pres    dir    spd
6   56187   2019/2/14 3:00:00   1.2  -2.9   1023.8   NaN    0.0
0   56187   2019/2/14 0:00:00   1.7  -3.6   1025.4   295.0   1.0
5   58238   2019/2/14 2:00:00   2.0  -2.9   1022.6   211.0   1.8
7   58238   2019/2/14 3:00:00   2.5  -2.8   1022.6   233.0   1.8
```

以上例子仅针对有限个离散类型的数据进行分组和聚合操作。对于气象中常见的连续型变量(如温度和降水等)而言,由于连续型随机变量在某一确定数值的概率为 0,因此不能按照某一具体数值进行分组(否则所有分组的元素个数都为 0)。以前面使用的站点观测数据为例,更为常见的操作是按照不同的温度区间来分组并计算其统计特征。这时可以首先借助 Pandas 提供的 cut 函数来创建类别标签对象(CategoricalIndex),并以类别标签对象实现连续型变量的分组。

```
>>> q = df5.cut(df['tc'], 4)
>>> q
0            (1.55, 2.025]
1            (1.075, 1.55]
2            (0.598, 1.075]
3            (1.075, 1.55]
4            (1.075, 1.55]
5            (1.55, 2.025]
6            (1.075, 1.55]
7            (2.025, 2.5]
Name: tc, dtype: category
Categories (4, interval[float64]): [(0.598, 1.075] < (1.075, 1.55] < (1.55, 2.025]<
```

```
(2.025, 2.5]]
```

以上代码中 cut 方法将温度序列排序后等分为 4 份,并返回由每个等分区间边界构成的类别标签对象。cut 方法的返回值可作为 groupby 的参数,从而得到不同温度区间各变量的统计特征。

```
>>> df5.groupby(q).mean()
        stn      tc      td     pres         dir   spd
0  56187.0   0.600  -2.600  1024.80  352.000000  0.70
1  57212.5   1.175  -3.225  1023.35  184.666667  1.15
2  57212.5   1.850  -3.250  1024.00  253.000000  1.40
3  58238.0   2.500  -2.800  1022.60  233.000000  1.80
```

除了将输入数据等分为 n 份之外,cut 函数还可以接受序列形式的分组边界值作为参数,从而实现长度不等的分组,限于篇幅这里不再赘述。

7.3.4　时间序列分析

如前所述,气象常用的观测和预报数据都可看作单个或多个变量的时间序列。气象变量的时间变化规律和统计特征已成为数据分析的重要领域。为了满足这些分析需求,Pandas 提供了丰富的与日期时间相关的数据处理和分析功能。

日期时间序列

6.2 节简要介绍了 Pandas 的 Timestamp 对象,它能够表示时间轴上的任意时间。但现实中很多与日期时间相关的数据并非随机地记录,而是以固定的频率采集,如逐小时降水、逐日最高最低温度等。这种时间频率固定的变量为数据分析带来很多方便。因此,即使拟分析的原始数据未以固定时间频率记录,将其转换为固定频率也将有利于数据后期的分析和处理。

得到固定日期时间频率的数据有两个步骤。首先,创建具有固定频率的目标日期时间序列;其次,将任意日期时间频率的原序列插值到固定频率的目标序列上。Pandas 的 date_range 函数用于创建固定频率的日期时间序列,该函数支持如表 7-9 所示的常用日期时间频率。

```
>>> pd.date_range('2019-02-14 12:20:00', periods= 3, freq='D')
DatetimeIndex(['2019-02-14 12:20:00', '2019-02-15 12:20:00',
               '2019-02-16 12:20:00'],
              dtype='datetime64[ns]', freq='D')

>>> pd.date_range('2019-02-14 12:20:00', periods=3, freq='T')
DatetimeIndex(['2019-02-14 12:20:00', '2019-02-14 12:21:00',
               '2019-02-14 12:22:00'],
```

```
                    dtype='datetime64[ns]', freq='T')

>>>  pd. date_range('2019-02-14 12:20:00', periods=3, freq='B')
DatetimeIndex(['2019-02-14 12:20:00', '2019-02-15 12:20:00',
               '2019-02-18 12:20:00'],
              dtype='datetime64[ns]', freq='B')
```

表 7-9　Pandas 支持的日期时间频率

日期时间频率缩写	说明
D	一天
B	一个工作日
H	一小时
T	一分钟
S	一秒钟
W-MON,W-TUE,…	以周一、二…开始的一周
M	一月的月末
MS	一月的月初
A-JAN,A-FEB,…	以一月末、二月末…开始的一年
AS-JAN,AS-FEB,…	以一月初、二月初…开始的一年

　　如以上代码所示,date_range 函数最常用的调用方式接受 3 个参数。其中第一个参数表示序列的开始时间,可以为任意可转换为 Timestamp 对象的类型。第二个参数 periods 表示序列的元素个数。第三个参数 freq 表示日期时间序列的频率,其默认值为天('D')。除了易于理解的周、天、小时、分和秒等大小固定的时间间隔,Pandas 还支持月份和年等长度不固定的频率。

```
>>>  pd. date_range('2019-02-14 12:20:00', periods= 3, freq='M')
DatetimeIndex(['2019-02-28 12:20:00', '2019-03-31 12:20:00',
               '2019-04-30 12:20:00'],
              dtype='datetime64[ns]', freq='M')

>>>  pd. date_range('2019-02-14 12:20:00', periods=3, freq='A-JAN')
DatetimeIndex(['2020-01-31 12:20:00', '2021-01-31 12:20:00',
               '2022-01-31 12:20:00'],
              dtype='datetime64[ns]', freq='A-JAN')
```

　　注意以上例子中表示起始时间的字符串的精度为秒,因此创建的固定频率序列的精度也为秒,即使新序列的频率为天、月和年。通常情况下,这些额外的时间精度并无实际意义,可以使用 date_range 的 normalize 参数去除。

```
>>>  pd. date_range('2019-02-14 12:20', periods=3, normalize=True)
```

```
DatetimeIndex(['2019-02-14', '2019-02-15', '2019-02-16'],
              dtype='datetime64[ns]', freq='D')
```

除了使用 date_range 函数生成固定频率的时间序列, Pandas 还提供了 to_datetime 函数将其他序列转换为非固定频率的日期时间序列。

```
>>> pd.to_datetime(['2019-02-14 12:20', '2019-02-14 12:21'])
DatetimeIndex(['2019-02-14 12:20:00', '2019-02-14 12:21:00'],
dtype='datetime64[ns]', freq=None)


>>> pd.to_datetime([datetime(2019, 2, 14), datetime(2019, 2, 22)])
DatetimeIndex(['2019-02-14', '2019-02-14'],
              dtype='datetime64[ns]', freq=None)
```

前面创建的日期时间序列都使用"单位"频率,即一天、一月或一年。实际的日期时间序列可能并不是单位频率,例如每 6 分钟、每 30 分钟频率的气象数据。这些频率可看成表 7-9 中单位频率乘以某一倍数。在调用 date_range 函数时,只须在表示单位频率的字符之前添加相应的倍数,即可创建任意频率的日期时间序列。

```
>>> pd.date_range('2019-02-14 12:20:00', periods=3, freq='6T')
DatetimeIndex(['2019-02-14 12:20:00', '2019-02-14 12:26:00',
               '2019-02-14 12:32:00'],
              dtype='datetime64[ns]', freq='6T')
```

最后,注意 date_range 和 to_datetime 函数的返回值为表 7-1 所列的 DatetimeIndex 标签对象。该对象除了支持 7.1.3 节中介绍的索引和切片操作之外,还支持与日期时间相关的特定操作。这些特殊操作将在后面详细介绍。

重采样

使用 Pandas 的 resample 函数可将其他频率(源)的日期时间序列插值为固定频率(目标)。当目标频率高于(低于)原频率时,相应的操作称为升(降)采样。resample 函数的操作逻辑和使用方法与前面介绍的 groupby 方法类似,其基本调用形式如下。

```
DataFrame.resample(freq, kind)
```

其中参数 freq 为表 7-9 列举的日期时间频率,返回值为 Resampler 对象。

由于 Pandas 提供的两种时间日期对象 Timestamp 和 Period 都支持频率的概念,因此调用 resample 函数时除了指定频率 freq,还需要使用 kind 参数指定返回对象的标签类型。如用户未指定 kind 参数, Pandas 将根据原数据对象的标签类型自动设置该参数。对于降采样的情况,每行目标数据对应多行原数据,因此相当于进行聚合操作。

下面首先从示例文件 cfsr.10m.csv 中读取 NCEP 再分析资料在某一格点上的时间序列,

包含 1979 年全年海拔 10 m 高度上的逐小时风向和风速。

```
>>> cfsr = pd.read_csv('data/ch7/cfsr.10m.csv', skiprows= 1,
...                     index_col= 0)
```

使用 resample 函数可以快速构建多种时间尺度的数据序列,这对于气候资料的分析特别方便。下面将逐小时数据风速降采样为逐月平均的数据。

```
>>> cfsr.resample('M').mean()
               spd          dir
datetime
1979-01-31   3.582204    186.806519
1979-02-28   3.606042    184.678185
1979-03-31   3.307083    152.829234
...            ...          ...
1979-10-31   2.697285    175.960806
1979-11-30   3.538569    182.143111
1979-12-31   3.119126    128.258669

>>> cfsr.resample('M', kind='period').mean()
               spd          dir
datetime
1979-01     3.582204    186.806519
1979-02     3.606042    184.678185
1979-03     3.307083    152.829234
...           ...          ...
1979-10     2.697285    175.960806
1979-11     3.538569    182.143111
1979-12     3.119126    128.258669
```

对于升采样的情况,多行目标数据对应一行原数据,因此需要填补目标数据中的空白。resample 支持的填补方式与前面介绍的 fillna 和 reindex 类似(参见表 7-3),下面的代码演示了不同填补方式的差异。

```
>>> df = cfsr.loc['1979-02-22']
>>> df.resample('30min').asfreq()     # asfreq 表示不进行填补
                       spd      dir
datetime
1979-02-22 00:00:00   4.75    144.49
1979-02-22 00:30:00   NaN      NaN
1979-02-22 01:00:00   5.43    345.52
```

```
...                          ...     ...
1979-02-22 22:00:00     7.55    283.08
1979-02-22 22:30:00     NaN      NaN
1979-02-22 23:00:00     7.53    284.53

>>> df.resample('30min').ffill()
                        spd     dir
datetime
1979-02-22 00:00:00     4.75    144.49
1979-02-22 00:30:00     4.75    144.49
1979-02-22 01:00:00     5.43    345.52
...                          ...     ...
1979-02-22 22:00:00     7.55    283.08
1979-02-22 22:30:00     7.55    283.08
1979-02-22 23:00:00     7.53    284.53

>>> df.resample('30min').bfill()
                        spd     dir
datetime
1979-02-22 00:00:00     4.75    144.49
1979-02-22 00:30:00     5.43    345.52
1979-02-22 01:00:00     5.43    345.52
...                          ...     ...
1979-02-22 22:00:00     7.55    283.08
1979-02-22 22:30:00     7.53    284.53
1979-02-22 23:00:00     7.53    284.53
```

注意这里的 ffill 和 bfill 是 Resampler 对象的方法，而在前面的 reindex 函数中是以字符串参数的形式出现。

日期时间标签

前面创建的对象 cfsr 使用 DatetimeIndex 对象作为行标签，该标签对象除了支持 7.1.3 节介绍的取值和赋值操作之外，还支持与日期时间相关的特殊操作。例如，可以直接通过日期时间选取数据。

```
>>> cfsr.index
DatetimeIndex(['1979-01-01 00:00:00', '1979-01-01 01:00:00',
               '1979-01-01 02:00:00', '1979-01-01 03:00:00',
               '1979-01-01 04:00:00', '1979-01-01 05:00:00',
               ...
```

```
                  '1979-12-31 18:00:00', '1979-12-31 19:00:00',
                  '1979-12-31 20:00:00', '1979-12-31 21:00:00',
                  '1979-12-31 22:00:00', '1979-12-31 23:00:00'],
                  dtype='datetime64[ns]', name= 'datetime',
                  length=8760, freq=None)


>>> cfsr.loc['1979-02-22 12:00:00']
spd      4. 14
dir    343. 77
Name: 1979-02-22 12:00:00, dtype: float64


>>> cfsr.loc['1979-02-22 12:00:00':'1979-02-22 16:00:00']
                      spd     dir
datetime
1979-02-22 12:00:00  4. 14  343. 77
1979-02-22 13:00:00  4. 67  327. 04
1979-02-22 14:00:00  5. 13  316. 25
1979-02-22 15:00:00  6. 20  302. 67
1979-02-22 16:00:00  6. 54  301. 65
```

　　由于这里的对象 cfsr 为逐小时频率，所以以上代码使用的索引值也为整小时分辨率。DatetimeIndex 对象作为标签时可以使用分辨率较低的日期时间选择一定范围的数据，这种方式避免了手动确定日期时间范围的麻烦。

```
>>> cfsr.loc['1979-02-22']     #  选择整天
                      spd     dir
datetime
1979-02-22 00:00:00  4. 75  144. 49
1979-02-22 01:00:00  5. 43  345. 52
1979-02-22 02:00:00  5. 84  345. 42
...
1979-02-22 21:00:00  7. 46  282. 81
1979-02-22 22:00:00  7. 55  283. 08
1979-02-22 23:00:00  7. 53  284. 53


>>> cfsr.loc['1979-02']     #  选择整月
                      spd     dir
datetime
1979-02-01 00:00:00  1. 50  262. 38
```

```
1979-02-01 01:00:00   0.81   258.81
1979-02-01 02:00:00   0.65   145.40
...                    ...    ...
1979-02-28 21:00:00   2.80   126.46
1979-02-28 22:00:00   2.73     8.12
1979-02-28 23:00:00   2.73    12.91
```

聚合操作

前面关于 resample 函数的介绍已经提到,日期时间序列的降采样隐含了聚合操作,利用这种聚合操作可以快速计算不同时间频率(如年、月、日等)的统计值。在气候尺度的长序列资料分析中,常需要进行如日变化、季节变化的分析,这时需要按同一时次或同一月份进行聚合操作。由于 Timestamp 对象支持访问日期时间对象的年、月、日等属性,借助于前面介绍的 groupby 方法,可以轻松实现按日期时间的聚合计算。

```
>>> cfsr.groupby(cfsr.index.month).mean()
             spd         dir
datetime
1        3.582204   186.806519
2        3.606042   184.678185
3        3.307083   152.829234
...          ...         ...
10       2.697285   175.960806
11       3.538569   182.143111
12       3.119126   128.258669


>>> cfsr.groupby(cfsr.index.hour).mean()
             spd         dir
datetime
0        3.111699   156.532822
1        3.267233   159.910137
2        3.373425   165.600904
...          ...         ...
21       2.848740   154.871096
22       2.846795   153.553452
23       2.915370   154.282575


>>> cfsr.groupby(cfsr.index.weekday).mean()
             spd         dir
datetime
```

```
0           2.999505   165.249717
1           3.002877   151.688798
2           3.246170   158.922981
...           ...        ...
4           3.001458   159.937412
5           3.236779   154.816763
6           3.078357   178.350978
```

以上代码分别使用了 DatetimeIndex 对象的月(month)、小时(hour)和周(weekday)属性进行分组,并使用聚合操作得到不同分组的平均值。如果用于分组的时间序列不是 DataFrame对象的行标签,那么访问日期时间的年、月、日等属性时,需要间接使用其 dt 属性。dt 属性等价于 Timestamp 对象,可以实现和 DatetimeIndex 相同的功能。

```
>>> tmp = cfsr.reset_index()
>>> tmp.groupby(tmp.datetime.dt.hour).mean()
            spd         dir
datetime
0           3.111699   156.532822
1           3.267233   159.910137
2           3.373425   165.600904
...           ...        ...
21          2.848740   154.871096
22          2.846795   153.553452
23          2.915370   154.282575
```

7.4　数据绘图

数据分析的结果通常需以图形的方式进行展示。Pandas 核心数据对象 Series 和 DataFrame 的本质是一维和二维数组,其 values 属性包含对象对应的 NumPy 数组,通过该属性和 Matplotlib 提供的绘图函数,即可完成各种图形的绘制。但是为了简化绘图操作和提升图形的美观性,Pandas 对 Matplotlib 的常用绘图函数和默认图元设置进行了包装和优化。除了 Pandas 本身提供的绘图功能,还有其他基于 Pandas 数据结构的绘图工具库。这其中特别值得介绍的是用于统计分析和绘图的 Seaborn 扩展库。下面分别介绍使用 Pandas 和 Seaborn 的绘图操作。

7.4.1　Pandas 绘图

Pandas 提供的绘图功能集成在 Series 和 DataFrame 对象的 plot 属性中。plot 属性包含如表 7-10 所示的多种常用绘图方法。注意这些方法绝大多数仅是对 Matplotlib 的 Axes 对象同名方法的简单包装。因此只要熟悉其中任一方法的使用规则，通过查阅 Matplotlib 对应函数的参数说明，即可正确调用 plot 属性提供的其他绘图方法。下面首先以上一节的 NCEP 再分析资料为例，说明 Pandas 绘图函数的基本用法（图 7-4）。

```
>>> cfsr = pd.read_csv('ch7/cfsr.10m.csv', index_col=0,
...                         parse_dates=True, skiprows=1)
>>> cfsr.plot.line(y='spd')
>>> plt.show()
```

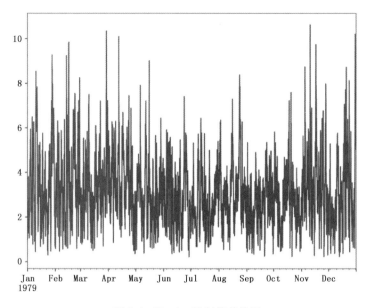

图 7-4　Pandas 绘制简单线图

这里的 line 方法实际调用了 Matplotlib 中 Axes. plot 方法。从 5.3.1 节的介绍可知，Axes. plot 方法的基本调用形式为两个一维序列 x 和 y。对于 Pandas 的核心数据对象，其标签 index 将作为 Axes. plot 方法的 x 参数，而其 y 参数由 line 方法的 y 参数指定。由于 Series 对象仅有一列数据，因此该列将作为 y 参数，而 DataFrame 对象包含多列数据，y 参数可以是单个列名或列名组成的序列。当 y 为列名序列时，将同时绘制多条不同的线段。

Pandas 对绘图操作的简化包含两个方面：首先，在后台自动创建与绘图相关的画布和子图对象；其次，利用对象的标签设置相关的图形说明信息（如坐标轴文字，图例和子图标题等）。这些自动创建的绘图对象及其属性可以通过表 7-10 中方法的关键字参数修改，从而进一步优化图形细节。由于表 7-10 中每种图形类型创建的图元对象不同，相应地支持的关键字参数也不同。限于篇幅这里仅列举如表 7-11 所示的一些常用参数，更详细的参数信息请读者参阅 Pandas 官方绘图文档（附录 A 表 A-1 第 14 行）。

表 7-10　pandas 核心数据对象支持的绘图方法

绘图方法名	Matplotlib 对应方法
line()	Axes. plot
area()	Axes. area
bar()	Axes. bar
barh()	Axes. barh
box()	Axes. box
hist()	Axes. hist
pie()	Axes. pie
scatter()	Axes. scatter
hexbin()	Axes. hexbin
hist()	Axes. hist
kde()	/

表 7-11　Pandas 绘图函数常用关键字参数

参数名	说明
ax	用于实际绘图的 Axes 对象
xticks	x 轴的坐标标记位置
yticks	y 轴的坐标标记位置
xlim	x 轴的坐标范围
ylim	y 轴的坐标范围
grid	是否绘制背景网格

以下代码对图 7-4 进行进一步的定制(图 7-5):

```
>>> fg, axs = plt.subplots(1, 2, figsize=(6., 3.))
>>> cfsr.plot.line(y='spd', ax=axs[0])
>>> cfsr.plot.hist(y='spd', bins=10, ax= axs[1], xlim=0)
>>> plt.show()
```

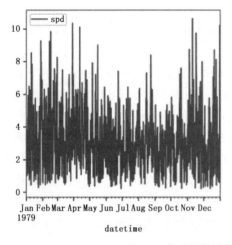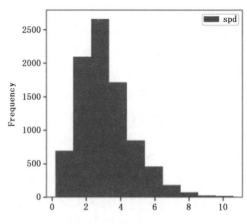

图 7-5　修改部分默认设置的 Pandas 绘图结果

7.4.2　Seaborn 绘图

Seaborn 是基于 Pandas 和 Matplotlib 开发的统计分析和绘图工具包。使用 Seaborn 不仅可以快速创建一些较为复杂的特殊统计图形,还能显著地改进图形的外观,提升数据的表现力。从 5.2 节的介绍可知,通过 Matplotlib 提供的函数可以修改图元对象的任意属性。但是,对于普通用户而言,这种强大和灵活的功能是一把双刃剑,因为实现一致、协调和美观的图元设置并非易事。因此,除了创建特殊的统计分析图形,Seaborn 还提供了几种全局的 Matplotlib 样式表。这里的"样式表"与微软 Word 中的样式表类似,它为 Matplotlib 的各种常用图形对象提供了一组美观且一致的属性设置,免去了用户逐一设置不同图元对象的麻烦。本节后面的内容假设已按如下方式导入 Seaborn 库。

```
>>> import seaborn as sns
```

图形样式

Seaborn 定义了如表 7-12 所示的五种样式表,使用 set_style 函数可以在不同的样式表中切换。

```
>>> def sinplot(flip=1):
>>>     x = np.linspace(0, 14, 100)
>>>     for i in range(1, 7):
>>>         plt.plot(x, np.sin(x + i * .5) * (7 - i) * flip)
>>> sns.set_style('darkgrid')    # 见图 7-6a
>>> sinplot()
>>> plt.show()
```

表 7-12　Seaborn 定义的五种样式表

样式表名称	说明
darkgrid	暗色背景、白色网格
whitegrid	白色背景、暗色网格
dark	暗色背景、无网格
white	白色背景、无网格
ticks	白色背景、无网格、坐标刻度

```
>>> sns.set_style('white')    # 见图 7-6b
>>> sinplot()
>>> plt.show()
```

对于同一种样式的图形,可以使用函数 set_context() 进一步控制图元的大小。按照尺寸大小支持如下四种参数:paper,notebook,talk 和 poster,默认情况下为 notebook。

```
>>> sns.set_context('talk')    # 见图 7-6c
>>> sinplot()
```

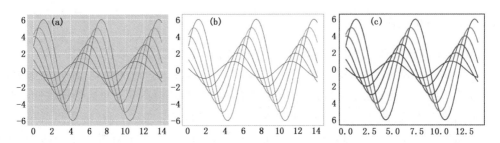

图 7-6　使用不同样式表绘制的线图，从左至右依次为 darkgrid(a)，white(b)和 white＋talk(c)

```
>>> plt.show()
```

从图 7-6c 可以看出，使用 talk 作为新尺寸后，图形的线条和文字都被加粗，这样有利于在显示设备距离远、分辨率低的环境中（如大型会议）展示图形。

Seaborn 提供的样式表本质上仅是一组特定的 Matplotlib 配置参数，因此可以直接修改 Matplotlib 的配置以覆盖 Seaborn 提供的样式。Seaborn 的 axes_style 函数返回当前使用的样式表对 Matplotlib 配置的修改。

```
>>> sns.axes_style()
{'axes.facecolor': 'white',
 'axes.edgecolor': '.15',
 'axes.grid': True,
 ...
 'axes.spines.bottom': True,
 'axes.spines.right': True,
 'axes.spines.top': True}
```

使用 set_style 函数可修改特定样式表中个别属性的默认值（图 7-7）。

```
>>> sns.set_style('white', {'axes.grid': True})
```

Seaborn 提供的样式表实际修改了 Matplotlib 的全局参数，因此这些样式不仅对 Seaborn 提供的绘图函数时有效，同样会改变其他 Axes 方法的绘图结果。因此，对于普通的图形绘制任务也建议使用 Seaborn 的 set_style 函数加载样式表，以获得更好的绘图效果。

统计图形

尽管 Seaborn 提供了大量的绘图函数，但它更主要的功能是统计分析。Seaborn 提供的绘图函数可以分为两大类，即格子图（Facet）和子图（Axes）函数。格子图函数用于绘制多幅相互关联的统计图形（这些图形以"格子"的形式排列），子图函数用于实际绘制某一格子中的图形。每种类型的格子图对应明确的统计分析概念，因此这种图形特别适用于"探索式的数据分析"。按照统计分析的目的，Seaborn 提供的绘图函数大致可以分为表 7-13 所示的四类，下面将通过具体的例子对这些函数进行介绍。

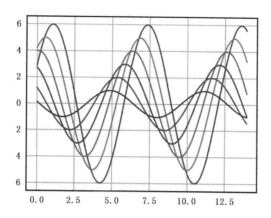

图 7-7 修改 Seaborn 默认样式表之后的线图

表 7-13 Seaborn 绘图函数汇总

应用范围	格子图函数	子图函数
连续变量绘图	relplot	scatterplot,lineplot
离散变量绘图	catplot	barplot,boxplot,boxenplot,counterplot, swarmplot,pointplot,violionplot
变量统计分布	jointplot,pairplot	distplot
变量线性关系	lmplot	regplot,residplot

限于篇幅,本节仅介绍表 7-13 中的部分绘图函数。由于 Seaborn 优良的接口设计,这些格子图函数的调用方式基本相同,熟悉其中任一函数的用法之后,即可顺利使用其他函数。在开始具体的例子之前,需要注意 Seaborn 的格子图函数对输入数据有严格的要求,即数据必须为 DataFrame 对象,且以"整洁"(tidy)格式存放。"整洁"格式是指数据的每一列(行)对应一个变量(一次观测)。例如 seaborn 自带的小费数据集。

```
>>> tips = sns.load_dataset('tips',data_home='data/seaborn-data')
>>> tips
     total_bill   tip     sex smoker   day    time  size
0         16.99  1.01  Female     No   Sun  Dinner     2
1         10.34  1.66    Male     No   Sun  Dinner     3
2         21.01  3.50    Male     No   Sun  Dinner     3
..          ...   ...     ...    ...   ...     ...   ...
241       22.67  2.00    Male    Yes   Sat  Dinner     2
242       17.82  1.75    Male     No   Sat  Dinner     2
243       18.78  3.00  Female     No  Thur  Dinner     2
```

这个数据包含 7 列,分别为总餐费、小费、顾客性别、顾客是否吸烟、就餐日期、就餐时间和就餐人数,每行数据表示一次记录,因此符合"整洁"格式的规范。

多变量统计分析的常见任务之一是探索变量之间的关系,relplot 函数即为这一目的而设计。如下的代码绘制了反映总餐费和小费之间的关系的散点图(图 7-8)。

```
>>> sns.relplot(x='total_bill', y='tip', data=tips)
```

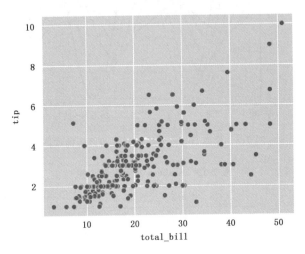

图 7-8　两个变量之间的散度图

以上代码是调用表 7-13 中各种格子图函数的最基本形式,其中参数 data 为整洁形式的 DataFrame 对象,x 和 y 分别表示散点图 x 和 y 轴对应数据的列名。对于格子图函数,参数 x 和 y 需为表示列名的字符串。

relplot 函数仅支持两个变量之间的比较。以小费数据为例,可能希望在分析总餐费和小费关系时考虑不同性别、不同就餐时间的影响。这相当于将图 7-8 中显示的数据进一步分组,并考察每个子分组内部总餐费和小费的关系(图 7-9)。Seaborn 提供了不同的图元属性(表 7-14)来区分不同分组的数据。

表 7-14　区分不同数据分组的三种参数说明

参数名	说明
hue	使用颜色区分不同的数据
size	使用标记大小区分不同的数据
style	使用标记样式区分不同的数据

```
>>> sns.relplot(x='total_bill', y='tip', hue='sex', data=tips)
```

作为格子图函数,relplot 还可以通过不同的子图来分组显示数据的不同子集(图 7-10)。格子图函数都包含 row 和 col 这两个参数,用于按多行或多列的方式显示不同分组的数据,结合表 7-14 中的不同图元属性可以进一步实现多重分组。

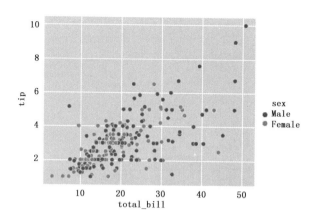

图 7-9　使用颜色为分散点图增加第三个维度的信息

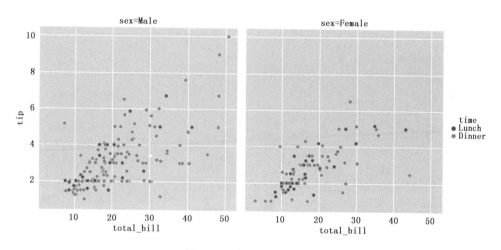

图 7-10　多子图的格子图

```
>>> sns.relplot(x='total_bill', y='tip', data=tips,
...             hue='time', col='sex')
```

relplot 函数主要用于连续变量之间关系的分析。对于分类变量(或离散变量)的分析，Seaborn 提供了 catplot 函数，如图 7-11 所示。

```
>>> sns.catplot(x='day', y='tip', data=tips,
...             kind='box', col='sex')
```

由于数据的统计特征可以使用不同的图形来表示，catplot 函数的 kind 参数表示绘制格子图时实际调用的子图函数，其值可为表 7-13 中第三列任意子图函数的名字(注意去掉函数名中的 plot，如图 7-12 所示)。

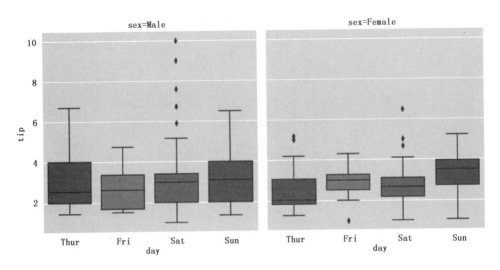

图 7-11　使用 catplot 函数绘制箱线图

```
>>> sns.catplot(x='day', y='tip', data=tips,
...             kind='violin', col='sex')
```

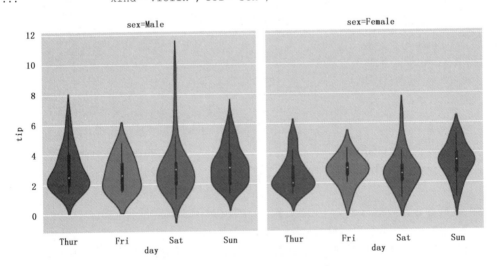

图 7-12　使用 catplot 函数绘制小提琴图

第8章　格点资料分析

8.1　xarray 简介

第 4 章介绍的 NumPy 数组是使用 Python 语言进行科学计算的基础,它可表示元素类型相同的任意大小的集合。支持数组整体的数学运算,可以显著提高数据的计算效率。大气的状态是时间和空间的变量,因此绝大部分的气象数据都以数组的方式进行存储和交换。第 7章介绍的表格数据作为一维和二维 NumPy 数组的扩展,在底层也使用 NumPy 数组作为数据的基本存储单元。

尽管 NumPy 数组为数据分析带来极大的便利,但直接使用 NumPy 数组也存在一定的不足。首先,由于数组实际对应计算机内存中一段连续的区域,数组的属性(元素类型和形状)取决于程序如何解释这段内存。从外部文件读取数组数据时,用户需要确保以正确的方式读入二进制数据流,包括确定二进制数据的类型、精度和形状等信息。由于这些原因,读取二进制文件通常是编程中极易出错的一项操作。其次,在数据分析过程中,经常需要针对数组的一个子集进行计算,这时用户需要确定子集在数组中的坐标范围,这通常也是一项繁琐和易错的操作。

直接使用 NumPy 数组存在不足的根源在于数组本身与其元数据的脱离。这里的元数据(meta-data)是对数组结构和内容等辅助信息的描述。例如全球地表气温场每个格点对应的经纬度,一次 WRF 预报结果对应的时间等。xarray 扩展库即为了克服数组操作中存在的以上问题而开发。简单而言,xarray 可以看成是 NetCDF 数据格式与 Pandas 的结合。在数据模型上,xarray 借鉴了气象领域常用的 NetCDF 数据文件模型,可认为是 NetCDF 文件在内存中的等价表示;在具体操作上,xarray 与上一章介绍的 Pandas 非常相似,支持按位置和标签进行取值、数学计算、分组和聚合等操作。从这一点而言,可以认为 xarray 是 Pandas 在多维数组上的延伸[①]。xarray 扩展库不仅提供了表示和操作格点数据的对象,还提供了包括插值、统计分析和绘图在内的工具,因此将数据分析中常用的格点数据表示为 xarray 对象可以显著地提高数据分析的效率。对于本章的示例代码,假设已按如下方式导入相关扩展库。

---

① 　Pandas 的核心对象 Series 和 DataFrame 分别对应一维和二维数组。在 0.25 版本之前的 Pandas 中,还包含表示三维数组的对象 Panel。由于 xarray 的逐步成熟和流行,Pandas 在 0.25 版本之后不再支持 Panel 对象。

```
>>> import numpy as np
>>> import pandas as pd
>>> import xarray as xr
>>> import matplotlib.pyplot as plt
```

8.2　xarray 核心对象

　　xarray 的功能建立在两个核心数据对象之上,即 DataArray 和 Dataset。其中 DataArray 与 NumPy 数组类似,用于存储元素类型相同的数组,而 Dataset 表示多个 DataArray 组成的集合。

8.2.1　DataArray 对象

　　DataArray 可以理解为包含元数据(meta-data)的 NumPy 数组,元数据和实际数据都作为 DataArray 对象的属性出现。DataArray 对象常用的属性及意义如下。
- dims:数据对象每个**维度**的名字。
- coords:表示某一维度的**坐标**的类字典对象。
- attrs:保存任意元数据的有序字典(ordered dict)。
- values:实际数据对应的 NumPy 或 Dask 数组。

　　由于 DataArray 可看作是 Pandas 对多维数组的延伸,因此以上属性与第 7 章介绍的 Pandas 数据对象的常用属性有密切的联系。首先,DataArray 和 DataFrame(Series)的 values 属性都表示对象实际包含的数组数据。其次,DataArray 的 dims 属性与 DataFrame 的 index 和 columns 属性对应,用于代替 NumPy 数组表示不同维度的整数(axis=0,1,…)。由于 DataFrame 对象只有两个固定维度(行和列),因此使用固定的 index 和 columns 表示对象的行和列。但是,DataArray 对象表示任意维度的数组,无法预先给每个维度指定名字,因此使用 dims 属性保存实际数据各维度的名称。访问 DataArray 的元素时,可以直接通过 dims 中的名字来访问对应维度的数据,这比 NumPy 数组使用的整数(axis=0,1,…)更为直观。注意 dims 属性仅给每个维度指定了名字,维度对应的实际坐标信息存放在 coords 属性中。通过 dims 和 coords 属性,DataArray 可以实现与 Pandas 一致的按标签的数据操作。本章后面的内容将使用"坐标"这一词汇代替在 Pandas 中使用的"标签",这样更符合表示时空数据的多维数组的表述习惯。

　　在介绍 DataArray 对象的创建方法之前,先引用 xarray 官方文档的数据模型图(图 8-1)来直观地理解 DataArray 的结构。图中的 precipitation 和 temperature 为两个 DataArray 对象,x、y 和 t 为两个对象的 dims 属性,latitude 和 longitude 为对象的 coords 属性。

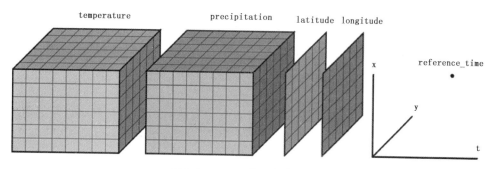

图 8-1　xarray 的基本数据模型

下面通过具体的代码来创建图 8-1 所示的 DataArray 对象。

```
>>> arr0 = np.random.rand(3, 4)
>>> arr1 = np.random.rand(2, 3, 4)
>>> arr2 = np.random.rand(2, 3, 4)
>>> longitude = np.linspace(0, 360., 4)
>>> latitude = np.linspace(-90., 90., 3)
>>> times = pd.date_range('1982-02', periods=2, freq='M')
>>> precip = xr.DataArray(arr1, dims=['t', 'y', 'x'],
...                coords=[times, latitude, longitude])
>>> tc = xr.DataArray(arr2, dims=['t', 'y', 'x'],
...                coords=[times, latitude, longitude])
>>> topo = xr.DataArray(arr0, dims=['y', 'x'],
...                coords=[latitude, longitude])
>>> precip
<xarray.DataArray (t: 2, y: 3, x: 4)>
array([[[0.367504  , 0.54044502, 0.90947674, 0.11560465],
        [0.73359046, 0.87235819, 0.32001448, 0.52929148],
        [0.34865913, 0.44178338, 0.90358964, 0.63806334]],

       [[0.94761423, 0.27100738, 0.60685362, 0.39541614],
        [0.41912169, 0.14213073, 0.33878658, 0.36867352],
        [0.97775096, 0.36653419, 0.04959401, 0.18537291]]])
Coordinates:
  * t          (t) datetime64[ns] 1982-02-28 1982-03-31
  * y          (y) float64 -90.0 0.0 90.0
  * x          (x) float64 0.0 120.0 240.0 360.0
```

注意创建 DataArray 对象过程中元数据和实际数据属性之间的联系。首先，数组 arr1 和

arr2 都是三维数组，与之对应的 dims 参数须为三个字符串，分别表示每个维度的名字；其次，coords 参数也为包含三个元素的列表，对应每个维度的坐标。另外，coords 参数所包含的每个序列的长度须与数组对应维度的长度一致。另外，在 DataArray 对象创建过程中，只有表示数组数据的第一个参数是必须的，dims 和 coords 参数都可以省略，这种情况下 xarray 将为这两个参数指定默认值。

除了上例中使用的嵌套序列，创建 DataArray 对象时的 coords 参数还可以是元组组成的序列或字典。

```
>>> xr.DataArray(arr1, dims=['t', 'y', 'x'],
...     coords=[('time', times), ('lat', latitude),
...             ('lon', longitude)])
```

以上代码创建的对象与之前创建的 precip 等价。这里 coords 参数包含的元组由两个元素构成：第一个元素为字符串，表示维度的名字；第二个元素为表示对应维度坐标的序列。由于上例同时设置了 dims 参数，因此 xarray 将以 dims 参数作为维度名，而忽略 coords 参数中相应的信息。如未设置 dims 参数，则将以 coords 参数包含的元组的第一个元素作为维度名。

```
>>> xr.DataArray(arr1, coords=[('time', times), ('lat', latitude),
...                            ('lon', longitude)])
< xarray.DataArray (time: 2, lat: 3, lon: 4)>
array([[[0.367504  , 0.54044502, 0.90947674, 0.11560465],
        [0.73359046, 0.87235819, 0.32001448, 0.52929148],
        [0.34865913, 0.44178338, 0.90358964, 0.63806334]],

       [[0.94761423, 0.27100738, 0.60685362, 0.39541614],
        [0.41912169, 0.14213073, 0.33878658, 0.36867352],
        [0.97775096, 0.36653419, 0.04959401, 0.18537291]]])
Coordinates:
  * time     (time) datetime64[ns] 1982-02-28 1982-03-31
  * lat      (lat) float64 -90.0 0.0 90.0
  * lon      (lon) float64 0.0 120.0 240.0 360.0
```

以上两种创建 DataArray 对象的方式中，coords 参数元素的顺序必须与数组的维度对应。下面的代码由于 coords 指定的坐标长度与对应维度的长度不一致而报错。

```
>>> xr.DataArray(arr1, coords=[('time',times),
...     ('lon', longitude), ('lat', latitude)])
ValueError: conflicting sizes for dimension 'lon'
```

以字典作为 coords 参数时，不需要按顺序指定每个维度的坐标，这种形式下不能省略 dims 参数。

```
>>>  xr.DataArray(arr1,
...             dims=['time', 'lat', 'lon'],
...             coords={'lon':longitude,
...                     'lat':latitude,
...                     'time':times,
...                     'alt':(('lat', 'lon'),
...                             np.random.rand(3,4))})
< xarray.DataArray (time: 2, lat: 3, lon: 4)>
array([[[0.367504  , 0.54044502, 0.90947674, 0.11560465],
        [0.73359046, 0.87235819, 0.32001448, 0.52929148],
        [0.34865913, 0.44178338, 0.90358964, 0.63806334]],

       [[0.94761423, 0.27100738, 0.60685362, 0.39541614],
        [0.41912169, 0.14213073, 0.33878658, 0.36867352],
        [0.97775096, 0.36653419, 0.04959401, 0.18537291]]])
Coordinates:
  * time     (time) datetime64[ns] 1982-02-28 1982-03-31
  * lat      (lat) float64- 90.0 0.0 90.0
  * lon      (lon) float64 0.0 120.0 240.0 360.0
    alt      (lat, lon) float64 0.4736 0.6483 ... 0.02621 0.02976
```

　　以上代码除了创建与 dims 参数对应的三个坐标变量 lon、lat 和 time 之外,还创建了新的坐标变量 alt。坐标变量 alt 与其他三个坐标变量有较大区别。其他三个坐标变量的名字与对应维度的名字相同,且为与对应维度的长度一致的一维数组。满足以上条件的坐标变量称为**维度坐标变量**,换而言之,这些变量与具体的维度直接对应。而坐标变量 alt 不是维度的名字,且为二维数组,因此被称为**普通坐标变量**。维度坐标变量在 DataArray 的取值和运算操作中有重要作用,相关内容将在后面章节详细介绍。

8.2.2　Dataset 对象

　　Dataset 可以理解为多个维度相互关联的 DataArray 对象组成的字典,图 8-1 所示的整体可看作一个 Dataset 对象。与 DataArray 对象类似,Dataset 对象同样包含几个重要属性。
- dims:存储维度名及长度的字典对象。
- coords:保存维度对应坐标信息的类字典对象。
- attrs:保存对象任意元数据的有序字典(ordered dict)。
- data_vars:保存 DataArray 对象的类字典对象。

　　除 data_vars 之外,其他三个属性与前面介绍的 DataArray 对象的属性同名,但需要注意 Dataset 的 dims 属性同时包含了维度的名称和大小,这一点与 DataArray 对象不同。

Dataset 可看作 DataArray 对象组成的字典,因此创建 Dataset 对象最简单的方法是将以 DataArray 为元素的字典转换为 Dataset 对象。

```
>>> xr.Dataset({'precip': precip, 'tc': tc})
< xarray.Dataset>
Dimensions:  (t: 2, x: 4, y: 3)
Coordinates:
  * t          (t) datetime64[ns] 1982-02-28 1982-03-31
  * y          (y) float64 -90.0 0.0 90.0
  * x          (x) float64 0.0 120.0 240.0 360.0
Data variables:
    precip     (t, y, x) float64 0.3675 0.5404 ... 0.04959 0.1854
    tc         (t, y, x) float64 0.9871 0.2979 ... 0.09396 0.6064
```

以字典方式创建的 Dataset 对象,其相关属性从包含的 DataArray 中自动获得。另外,也可以从 NumPy 数组直接创建 Dataset 对象,这时需要设置上述几个重要的属性。

```
>>> ds = xr.Dataset({'precip': (['time', 'lat', 'lon'], arr1),
...                  'tc': (['time', 'lat', 'lon'], arr2)},
...                 coords={
...                     'time': times,
...                     'lat': latitude,
...                     'lon': longitude})
>>> ds
Dimensions:  (time: 2, lon: 4, lat: 3)
Coordinates:
  * time       (time) datetime64[ns] 1982-02-28 1982-03-31
  * lat        (lat) float64 -90.0 0.0 90.0
  * lon        (lon) float64 0.0 120.0 240.0 360.0
Data variables:
    precip     (time, lat, lon) float64 0.367 0.540 ... 0.0495 0.185
    tc         (time, lat, lon) float64 0.987 0.297 ... 0.0939 0.606
```

以上创建 Dataset 对象的代码中,第一个参数仍然是字典对象。该字典每个元素为一个元组,每个元组的信息用于创建一个 DataArray 对象。

8.2.3　基本操作

Dataset 作为 DataArray 对象的容器,其主要操作为属性修改和管理其包含的 DataArray 对象。

```
>>> ds.attrs['title'] = 'climate dataset'
>>> ds.rename({'precip': 'precipitation'})
< xarray.Dataset>
Dimensions:          (lat: 3, lon: 4, time: 2)
Coordinates:
  * time           (time) datetime64[ns] 1982-02-28 1982-03-31
  * lat            (lat) float64 - 90. 0 0. 0 90. 0
  * lon            (lon) float64 0. 0 120. 0 240. 0 360. 0
Data variables:
    precipitation  (time, lat, lon) float64 0. 1198 0. 2408 ... 0. 1069 0. 6426
    tc             (time, lat, lon) float64 0. 04384 0. 719 ... 0. 7982 0. 5744
Attributes:
    title:     climate dataset
```

Dataset 对象的取值和赋值操作与字典对象的语法相同。

```
>>> ds['tc']    # 等价于 ds. tc, ds. data_vars['tc']
< xarray.DataArray 'tc' (time: 2, lat: 3, lon: 4)>
array([[[0. 04384095, 0. 7190283 , 0. 41614083, 0. 8279814 ],
        [0. 81118763, 0. 03766332, 0. 97098167, 0. 23458122],
        [0. 1676152 , 0. 36110249, 0. 27257312, 0. 78910458]],

       [[0. 20173308, 0. 9503478 , 0. 70521806, 0. 77602303],
        [0. 77287916, 0. 69623314, 0. 25815633, 0. 04644888],
        [0. 29057283, 0. 17198026, 0. 79824307, 0. 57438168]]])
Coordinates:
  * time     (time) datetime64[ns] 1982-02-28 1982- 03- 31
  * lat      (lat) float64 - 90. 0 0. 0 90. 0
  * lon      (lon) float64 0. 0 120. 0 240. 0 360. 0

>>> ds['lon']    # 等价于 ds. lon, ds. coords['tc']
< xarray.DataArray 'lon' (lon: 4)>
array([0. , 120. , 240. , 360. ])
Coordinates:
  * lon      (lon) float64 0. 0 120. 0 240. 0 360. 0

>>> ds['tc2'] = (['time', 'lat', 'lon'], ds. tc *2. )
```

从上面的代码可以看出,虽然在逻辑上数据和坐标的概念不同,但具体的取值操作并无本质的差异。

取值和赋值

xarray 对象支持与 Pandas 类似的按位置和标签的取值和赋值操作。由于它们之间的相似性，这里仅重点介绍 xarray 与 Pandas 的差异，其他相似的操作请读者参考 7.1 节的相关介绍。

表 8-1　xarray 对象的元素访问方法

维度	坐标	DataArray 对象	Dataset 对象
按位置	按位置	da[:, 0]	无
按位置	按标签	da.loc[:, 's']	无
按名字	按位置	da.isel(dim=0)或 da[dict(dim=0)]	ds.isel(dim=0)或 ds[dict(dim=0)]
按名字	按标签	da.sel(dim='s')或 da.loc[dict(dim='s')]	ds.sel(dim='s')或 ds.loc[dict(dim='s')]

表 8-1 列举了 xarray 核心数据对象支持的各种元素访问操作。首先需要注意的是，对于 xarray 对象而言元素访问操作需要确定维度和坐标两个信息。由于维度和坐标都可以使用位置（整数）或标签进行访问，因此 xarray 元素访问的语法比 Pandas 更加多样。下面逐一介绍表 8-1 中列举的元素访问方法。

表 8-1 的前两行都按位置选择操作的维度。换而言之，这和 NumPy 数组的取值方法一样。这种语法的特征是，使用方括号包含的多个索引值来选择元素。由于 xarray 支持标签，因此在 NumPy 数组的基础上，增加了按标签的取值。

```
>>> da = ds['tc']
>>> da
< xarray.DataArray 'tc' (time: 2, lat: 3, lon: 4)>
array([[[0.04384095, 0.7190283 , 0.41614083, 0.8279814 ],
        [0.81118763, 0.03766332, 0.97098167, 0.23458122],
        [0.1676152 , 0.36110249, 0.27257312, 0.78910458]],

       [[0.20173308, 0.9503478 , 0.70521806, 0.77602303],
        [0.77287916, 0.69623314, 0.25815633, 0.04644888],
        [0.29057283, 0.17198026, 0.79824307, 0.57438168]]])
Coordinates:
  * time     (time) datetime64[ns] 1982-02-28 1982-03-31
  * lat      (lat) float64 -90.0 0.0 90.0
  * lon      (lon) float64 0.0 120.0 240.0 360.0
```

```
>>>  da[0, :, 1:3]
< xarray. DataArray 'tc' (lat: 3, lon: 2)>
array([[0.7190283 , 0.41614083],
       [0.03766332, 0.97098167],
       [0.36110249, 0.27257312]])
Coordinates:
    time        datetime64[ns] 1982-02-28
  * lat         (lat) float64 - 90.0 0.0 90.0
  * lon         (lon) float64 120.0 240.0


>>>  da.loc['1982-02-28', :, 120. :240. ]
< xarray. DataArray 'tc' (lat: 3, lon: 2)>
array([[0.7190283 , 0.41614083],
       [0.03766332, 0.97098167],
       [0.36110249, 0.27257312]])
Coordinates:
    time        datetime64[ns] 1982-02-28
  * lat         (lat) float64 -90.0 0.0 90.0
  * lon         (lon) float64 120.0 240.0
```

　　以上代码使用两种不同的方式选择经度在 120°～240°(包含末区间 240°)的数据。通过对比可见,使用坐标值选取数据比使用整数表示的位置更为直观,用户无须计算经纬度对应的格点序号。更重要的是,假设数据的空间分辨率提高了一倍,按位置的取值代码就需要调整索引值,但按坐标的取值则无须修改代码。另一点需要注意的是,在 xarray 中使用坐标取值时,其数值无须与格点对应的坐标完全一致,可以使用格点坐标之外的数值。

```
>>>  da.loc['1982-02-28', :, 120. :255. ]
< xarray. DataArray 'tc' (lat: 3, lon: 2)>
array([[0.7190283 , 0.41614083],
       [0.03766332, 0.97098167],
       [0.36110249, 0.27257312]])
Coordinates:
    time        datetime64[ns] 1982-02-28
  * lat         (lat) float64 -90.0 0.0 90.0
  * lon         (lon) float64 120.0 240.0
```

　　以上代码表明 xarray 的取值操作比 NumPy 数组的优越性。但是以上代码仍然存在一定局限,用户仍须事先明确每个维度的含义。如果对象 da 的第 3 个维度不是经度,以上代码的结果就不正确。这也是 Dataset 对象不支持按位置选择维度的原因,因为 Dataset 对象包含的多个 DataArray 对象的维度数可能不同,以上代码实例展示的取值操作对于二维数组无法完成。表 8-1 中后两行语法可以克服上述局限。

```
>>> da.isel(time=0, lon=slice(1, 3))
< xarray.DataArray 'tc' (lat: 3, lon: 2)>
array([[0.7190283 , 0.41614083],
       [0.03766332, 0.97098167],
       [0.36110249, 0.27257312]])
Coordinates:
    time      datetime64[ns] 1982-02-28
  * lat       (lat) float64 - 90.0 0.0 90.0
  * lon       (lon) float64 120.0 240.0


>>> ds.isel(time=0, lon=slice(1, 3))
< xarray.Dataset>
Dimensions:  (lat: 3, lon: 2)
Coordinates:
    time      datetime64[ns] 1982-02-28
  * lat       (lat) float64 -90.0 0.0 90.0
  * lon       (lon) float64 120.0 240.0
Data variables:
    precip    (lat, lon) float64 0.9501 0.06796... 0.8896 0.6881
    tc        (lat, lon) float64 0.7074 0.3651... 0.8803 0.1334
Attributes:
title:        climate dataset
```

对于 Dataset 而言,以上取值操作将作用于其包含的每一个 DataArray 对象。虽然这种取值方式避免了由于 Dataset 对象包含的 DataArray 对象的维度不同带来的问题,但仍然需要用户明确每个维度对应坐标的具体数值。表 8-1 中最后一行取值方式可以解决维度和坐标数值差异的问题。

```
>>> da.sel(time='1982-02-28', lon=slice(120., 255.))
< xarray.DataArray 'tc' (lat: 3, lon: 2)>
array([[0.7190283 , 0.41614083],
       [0.03766332, 0.97098167],
       [0.36110249, 0.27257312]])
Coordinates:
    time      datetime64[ns] 1982-02-28
  * lat       (lat) float64 -90.0 0.0 90.0
  * lon       (lon) float64 120.0 240.0
```

```
>>>  ds.sel(time= '1982-02-28', lon=slice(120., 240.))
< xarray.Dataset>
Dimensions:   (lat: 3, lon: 2)
Coordinates:
    time    datetime64[ns] 1982-02-28
  * lat     (lat) float64 -90.0 0.0 90.0
  * lon     (lon) float64 120.0 240.0
Data variables:
    precip  (lat, lon) float64 0.9501 0.06796 ... 0.8896 0.6881
    tc      (lat, lon) float64 0.7074 0.3651 ... 0.8803 0.1334
Attributes:
    title:   climate dataset
```

　　以上介绍的元素访问操作返回对象的形状都比原对象小。在某些情况下,希望取值操作返回的数组尺寸不变,仅将未选择的数据赋为无效值。例如气象分析和绘图中用于保留陆地或某个行政边界内数据的"遮罩"层。这种情况下可以使用 DataArray 对象的 where 方法。

```
>>>  da.where(da.lon < 180.)
< xarray.DataArray 'tc' (time: 2, lat: 3, lon: 4)>
array([[[0.04384095, 0.7190283 ,        NaN,        NaN],
        [0.81118763, 0.03766332,        NaN,        NaN],
        [0.1676152 , 0.36110249,        NaN,        NaN]],

       [[0.20173308, 0.9503478 ,        NaN,        NaN],
        [0.77287916, 0.69623314,        NaN,        NaN],
        [0.29057283, 0.17198026,        NaN,        NaN]]])
Coordinates:
  * time    (time) datetime64[ns] 1982-02-28 1982-03-31
  * lat     (lat) float64 -90.0 0.0 90.0
  * lon     (lon) float64 0.0 120.0 240.0 360.0
```

8.3　数据读写

　　由于数组数据通常使用二进制文件存储,在没有具体格式说明的情况下,读取较为困难。幸运的是,近年来气象领域的各种二进制数据都逐步统一为三种主流的文件格式。下面逐个简要介绍这些文件格式的基本特征以及读取方法。本质而言,这些数据读取到内存之后都为

NumPy 数组。但由于这些数据格式包含元数据信息，xarray 能够利用这些信息创建相应的 Dataset 或 DataArray 对象。使用 xarray 作为数据分析工具，可以忽略这些文件格式的差异，使得数据读取的过程变得十分简单。

8.3.1　常用格点数据

NetCDF

xarray 的基本数据对象 DataArray 和 Dataset 均基于 NetCDF 文件而设计，可以认为两者是相同数据在内存和外部文件中的表现形式。NetCDF 文件相对于普通二进制文件最大的改进在于，在保存数据的同时还保存了数据的其他说明信息。NetCDF 是一种自描述文件，即用户拿到任何一个 NetCDF 文件时，无须其他额外说明信息即可正确读取文件中的数据。

NetCDF 文件的标准和开发包由美国国家大气研究中心（NCAR）负责，提供了包括 C/C++，Fortran 和 Java 在内的编程接口。随着 Python 语言的流行，NCAR 在 NetCDF 的 C 语言程序库基础上开发了 Python 语言扩展库 netcdf4-python（注意扩展库的包名为 netCDF4，见以下代码）。NetCDF 文件包含四个重要的概念：维度、坐标、变量和属性。其中变量表示实际的数组，变量定义在一系列已知的维度上。坐标是与维度同名的变量，表示维度上每个点的坐标信息。属性用于为文件本身或单个变量存放信息，如文件创建时间、变量的描述和数值单位等。这些概念与前面介绍的 DataArray 对象的属性一一对应。以下代码演示了打开 NetCDF 文件并读取其中数据的操作。

```
>>> import netCDF4 as nc
>>> airtemp = nc.Dataset('data/ch8/air_temperature.nc')
>>> airtemp
< class 'netCDF4._netCDF4.Dataset'>
root group (NETCDF3_CLASSIC data model, file format NETCDF3):
    Conventions: COARDS
    title: 4x daily NMC reanalysis (1948)
    description: Data is from NMC initialized reanalysis
(4x/day).   These are the 0.9950 sigma level values.
    platform: Model
    dimensions(sizes): lat(25), time(2920), lon(53)
    variables(dimensions): float32 lat(lat), int16 air(time,lat,lon), float32 lon
(lon), float32 time(time)
    groups:

>>> airtemp.dimensions['lat']
< class 'netCDF4._netCDF4.Dimension'> : name ='lat', size =25

>>> air =airtemp.variables['air'][:]
```

```
>>> type(air), air.shape, air.dtype
(numpy.ma.core.MaskedArray, (2920, 25, 53), dtype('float64'))

>>> air[0, 1, 2]
244.7
```

一个打开的 NetCDF 文件由 Dataset 对象表示，注意这里的 Dataset 对象与 xarray 中的同名对象来自不同的名字空间，是完全不同的对象。维度和数据变量分别保存在两个有序字典对象 dimensions 和 variables 中，其中与维度同名的变量称为坐标变量。使用前面介绍的字典元素访问方法，即可得到 Dataset 对象包含的所有维度和变量。注意在访问变量的实际数值时，在字典取值操作之后还需使用[:]操作符。这是因为字典取值操作得到的是 Variable 对象，对这一对象取值才能得到对应的 NumPy 数组。得到数据对应 NumPy 数组之后，即可通过第 4 章的相关介绍对数组进行各种分析处理。

HDF5

HDF 是"分层数据格式"（Hierarchical Data Format）的简称，包含 HDF4 和 HDF5 两个版本。由于核心数据模型和程序开发接口的差异，两个版本的 HDF 文件并不兼容，需要使用不同的 Python 库进行操作，本节仅介绍目前主流的 HDF5 版本的操作。HDF5 文件的逻辑结构与 Linux 操作系统中的文件系统类似，由分组（group）和数据集（dataset）组成（图 8-2），其中分组对应于文件夹，而数据集对应于文件。每个分组内部可以包含其他分组和数据集，且最顶层的分组为"/"，由此形成了分层的数据结构。HDF5 文件的每个分组和数据集都有与 Linux 文件类似的虚拟路径，如/gp1/ds1 和/gp1/sub1/ds2。

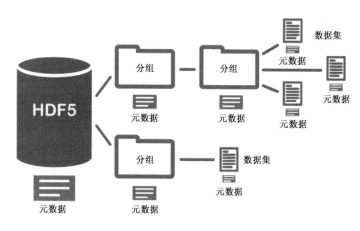

图 8-2　HDF5 文件结构示意图

读取 HDF5 文件有两种主流的工具：h5py 和 PyTables。h5py 是 HDF5 的 C 语言应用程序接口（API）的直接封装，支持 HDF5 的绝大部分功能。PyTables 在 HDF5 和 NumPy 数组的基础上增加了一层抽象的表格数据对象,除了简单的读写数据的功能,还支持数据库形式的查询和分析等其他功能。近年来 h5py 和 PyTables 逐步融合,PyTables 开始转向使用 h5py 作为读写文件的后端,而其自身主要作为数据分析工具。由于本章主要目的是介绍 xarray 的数据分析功能,HDF5 仅作为数据存储的文件格式之一,因此仅简单介绍 h5py 的基本用法。有兴趣的读者可自行查阅官方文档以进一步了解 PyTables 库。以下代码用于读取 TRMM 卫星上的星载降水雷达(PR)数据。

```
>>> h5 = h5py.File('data/ch8/TRMM_PR.h5', 'r')
>>> h5['/pr.nearSurfZ']
< HDF5 dataset "pr.nearSurfZ": shape (9247, 49), type "> i2">
```

打开的 HDF5 文件与 h5py 的 File 对象对应。File 对象构造函数的参数与 Python 的 open 函数类似:第一个参数为文件路径,第二个参数为文件打开方式。h5py 的 File 对象为类字典对象,使用虚拟路径(/pr.nearSurfZ)作为字典的键即可获得对应的数组对象。与 NetCDF 和 xarray 类似,h5py 将实际数据封装为 dataset 对象(注意和 xarray、NetCDF 中同名对象的区别),因此需要得到具体的 NumPy 数组时,同样需要使用取值操作[:]。

```
>>> h5['/pr.nearSurfZ'][:]
array([[0, 0, 0, ..., 0, 0, 0],
       [0, 0, 0, ..., 0, 0, 0],
       [0, 0, 0, ..., 0, 0, 0],
       ...,
       [0, 0, 0, ..., 0, 0, 0],
       [0, 0, 0, ..., 0, 0, 0],
       [0, 0, 0, ..., 0, 0, 0]], dtype=int16)
```

GRIB

GRIB(GRIdded Binary,通用定期发布的二进制格式)是国际通用的二进制数据文件格式,主要用于存储气象/海洋的物理量场及其元数据。它由世界气象组织(WMO)的基本系统委员会于 1985 年定义,包括 GRIB1 和 GRIB2 两个版本。GRIB2 比 GRIB1 增加更加复杂的头部字段用于存储元数据,还提供了可以显著缩小文件大小的数据压缩算法;GRIB2 可以包含集合(ensemble)信息,适合于传输集合预报产品。GRIB 数据格式的最大优点是,存储相同的数组其文件大小为其他数据格式的 1/3 到 1/2。这是因为 GRIB 数据格式使用了两步数据压缩算法:首先根据当前的气象变量选择相应的数据精度,按精度对数据进行取整标准化操作;在此基础上使用 PNG 和 JPEG2000 库实现二次压缩。

GRIB 数据文件由多个报文组成,每个报文为包含特定时间和垂直层次的、以经纬度为坐标的二维数组。GRIB 报文是自描述数据对象,每个记录都包含数据本身以及描述数据空间网格、有效时间、垂直层次的元数据。因此,常见的四维(时间+三维空间)气象数据都可以由一组 GRIB 报文表示。由于每个报文都包含独立的自描述信息,因此 GRIB 文件中报文的排列次序是任意的。

　　GRIB 文件中的报文由字符"GRIB"开始,并以字符"7777"结束,二者之间都是二进制的元数据和变量数据。GRIB 报文的结构划分为如表 8-2 所示的多个节(section)。GRIB1 的第 2 节,GRIB2 的第 1、3、4、5、7 节可在多个预定义的模板中选择。这里的模板是指对一些气象海洋数据的标准化描述。在 GRIB2 中,第 2~7 节、第 3~7 节或第 4~7 节可以重复出现,从而允许在一个报文中出现多个网格数据集。

表 8-2　GRIB 报文的基本结构

GRIB1	GRIB2
SECTION 0 指示符节	SECTION 0 指示符节
SECTION 1 产品定义节	SECTION 1 标识节
	SECTION 2 局部使用节(可选)
SECTION 2 网格描述节(可选)	SECTION 3 网格定义节
	SECTION 4 产品定义节
	SECTION 5 数据表示节
SECTION 3 位图节(可选)	SECTION 6 位图节
SECTION 4 二进制数据节	SECTION 7 数据节
SECTION 5 结束节	SECTION 8 结束节

　　Python 语言读取 GRIB 文件的扩展库为 pygrib,它是对欧洲中期天气预报中心(ECM-WF)开发的 eccodes 库(和其旧版本 gribapi)的封装。以下代码用于读取 NCEP 发布的 GFS 预报场。

```
>>> import pygrib
>>> grbs = pygrib.open('data/ch8/gfs.0p50.grb2')
```

　　pygrib 的使用方法与 Python 的文件对象类似,首先调用 pygrib 的 open 函数创建一个 GRIB 文件对象。GRIB 文件对象支持迭代,每次迭代返回一个 GRIB 报文。

```
>>> for grb in grbs[:6]:
...     print(grb)
```

1:Geopotential Height:gpm (instant):regular_ll:isobaricInhPa:level 100 Pa:fcst time 0 hrs:from 201911020000

2:Temperature:K (instant):regular_ll:isobaricInhPa:level 100 Pa:fcst time 0 hrs:from 201911020000

3:Relative humidity:% (instant):regular_ll:isobaricInhPa:level 100 Pa:fcst time 0 hrs:from 201911020000

4:U component of wind:m s**-1 (instant):regular_ll:isobaricInhPa:level 100 Pa:fcst time 0 hrs:from 201911020000

```
    5:V component of wind:m s**-1(instant):regular_ll:isobaricInhPa:level 100 Pa:fcst
time 0 hrs:from 201911020000
    6:Geopotential Height:gpm(instant):regular_ll:isobaricInhPa:level 200 Pa:fcst time
0 hrs:from 201911020000
```

GRIB 包含的数据和元数据可以通过报文的属性和函数来获得：

```
>>> lats, lons = grbs[6].latlons()    # 获取经纬度
>>> val = grbs[6].values    # 气象要素对应的 NumPy 数组
>>> type(val), val.shape
(numpy.ndarray, (161, 321))
```

8.3.2　格点数据读写

虽然以上三种二进制文件格式的 Python 读写库都简单易用，但仍须用户熟悉三种不同扩展库的基本用法。由于以上三种文件格式都是自描述的，因此均可转换为 xarray 的 Data-Array 或 Dataset 对象。为了方便用户读写这些常见的二进制文件，xarray 提供了如下两个函数。

- open_dataset()
- open_mfdataset()

以上函数都支持上一节介绍的三种文件格式，分别用于打开单个或者多个数据文件，且都返回 Dataset 对象。通常情况下一个 Dataset 对象包含多个 DataArray 对象，如果数据文件仅包含单个数组，可以使用 open_dataarray 读取文件并直接返回 DataArray 对象。这种包含单个 DataArray 对象的 NetCDF 文件可以通过 DataArray 对象的 to_netcdf 方法创建。

open_dataset 函数的基本调用形式如下。

```
    open_dataset(fp, engine=None, group=None)
```

其中 fp 表示文件路径字符串或类文件对象，engine 用于指定文件格式解码库，group 用于指定数据所在分组。如前所述，最新版本的 NetCDF4 已使用 HDF5 作为实际存储格式，而 HDF5 支持多个层次的分组。目前 xarray 暂时不支持包含多分组的 NetCDF 或 HDF5 文件，读取这类文件时须指定数据所在的分组。

```
>>> ds_nc = xr.open_dataset('data/ch8/air_temperature.nc')
>>> ds_nc
< xarray.Dataset>
Dimensions:   (lat: 25, lon: 53, time: 2920)
Coordinates:
  * lat       (lat) float32 75.0 72.5 70.0 ... 20.0 17.5 15.0
  * lon       (lon) float32 200.0 202.5 205.0 ... 325.0 327.5 330.0
  * time      (time) datetime64[ns] 2013-01-01 ... 2014-12-31
```

```
Data variables:
    air       (time, lat, lon) float32...
Attributes:
    Conventions:  COARDS
    title:        4x daily NMC reanalysis (1948)
    description:  Data is from NMC initialized reanalysis.
    platform:     Model
    references:
http://www.esrl.noaa.gov/psd/data/gridded/data.ncep.reanaly...


>>> gfs = xr.open_dataset('data/ch8/gfs.t2m.grb2',engine='cfgrib')
>>> gfs
< xarray.Dataset>
Dimensions:             (latitude: 361, longitude: 720)
Coordinates:
    time                datetime64[ns]...
    step                timedelta64[ns]...
    heightAboveGround   int64...
  * latitude            (latitude) float64 90.0... -89.5 -90.0
  * longitude           (longitude) float64 0.0 0.5... 359.0 359.5
    valid_time          datetime64[ns]...
Data variables:
    t2m                 (latitude, longitude) float32...
Attributes:
    GRIB_edition:       2
    GRIB_centre:        kwbc
    GRIB_subCentre:     0
    Conventions:        CF-1.7
    institution:        US National Weather Service - NCEP
```

很多大型气象数据(如气候再分析数据和静止卫星观测资料等)都按时间顺序存放在多个文件中,当需要从多个文件读取数据时,只能通过循环语句逐个读取文件并最终合并为单个数据对象。由于这种跨文件读取数据的情况普遍存在,xarray 提供了专门的 open_mfdataset 函数。该函数的基本调用形式如下。

```
open_mfdataset(path, concat_dim, engine=None)
```

其中 path 为包含通配符的字符串(参见 6.1.3 节对通配符的介绍),表示多个文件的路径。concat_dim 表示连接不同数据文件的维度名称,engine 表示实际读取数据的扩展库。从底层实现而言,open_mfdataset 函数等价于逐个读取文件之后再调用 concat 函数将各文件的数据合并为单个 Dataset 对象。下面的代码将 2010—2018 年的 NCEP 资料合并为一个 Dataset 对象。

```
>>> mf = xr.open_mfdataset('data/ch8/t2m.*.nc')
>>> mf
<xarray.Dataset>
Dimensions:   (lat: 94, lon: 192, time: 13148)
Coordinates:
  * lat       (lat) float32 88.542 86.6531 ... -86.6531 -88.542
  * lon       (lon) float32 0.0 1.875 3.75 ... 356.25 358.125
  * time      (time) datetime64[ns] 2010-01-01 ... 2018-12-31
Data variables:
    air       (time, lat, lon) float32 dask.array<chunksize=(1460, 94, 192), meta=
np.ndarray>
Attributes:
    Conventions:    COARDS
    title:          4x daily NMC reanalysis (2010)
    description:    Data is from NMC initialized reanalysis.
    platform:       Model
    dataset_title:  NCEP-NCAR Reanalysis 1
```

　　注意以上代码创建的 DataArray 对象 air 的类型为 dask.array，Dask 是专门用于外存 (out-of-core) 运算的数组类型，用于处理无法直接加载到计算机内存的大型数据，其详细用法将在 8.4.4 节中介绍。

　　需要说明的是，除了 NetCDF 文件之外，目前 open_mfdataset 函数对于其他两种常用二进制文件格式的支持还不够完善。例如，对于包含多个垂直坐标类型的 GRIB2，还无法自动转换为单个 Dataset 对象。

8.4　数据分析

8.4.1　插值

　　前面介绍的取值操作只能得到 DataArray 对象在某些坐标上（即格点上）的数值。在实际数据分析中，特别是空间数据的分析中，经常需要获取格点之外任意点的值。例如常见的从格点数据插值到某个气象站点的操作。DataArray 对象的 interp 方法提供了方便的插值功能，其基本调用形式如下。

```
DataArray.interp(coords, method='linear')
```

其中 coords 表示插值点的坐标值，method 为插值方法（表 8-3）。interp 方法的接口与取值操作类似,可分为一维和多维插值两种情况。

表 8-3　DataArray 的 interp 方法支持的插值方法

方法名称	说明	一维插值	多维插值
nearest	邻近点插值	支持	支持
linear	线性插值	支持	支持
zero	零阶样条插值	支持	不支持
slinear	一阶样条插值	支持	不支持
quadratic	二阶样条插值	支持	不支持
cubic	三阶样条插值	支持	不支持

```
>>> arr = np.sin(0.3*np.arange(12).reshape(4, 3))
>>> da = xr.DataArray(arr, dims=['time', 'space'],
...        coords=[pd.date_range('2019-02-14', periods=4),
...               [0.1, 0.2, 0.3]])
>>> da.interp(space=0.25)
<xarray.DataArray (time: 4)>
array([ 0.43008134,  0.96476704,  0.76933627, -0.00831284])
Coordinates:
  * time     (time) datetime64[ns] 2019-02-14 2019-02-15 2019-02-16 2019-02-17
    space    float64 0.25


>>> da.interp(space=[0.25, 0.35])
<xarray.DataArray (time: 4, space: 2)>
array([[ 0.43008134,         NaN],
       [ 0.96476704,         NaN],
       [ 0.76933627,         NaN],
       [-0.00831284,         NaN]])
Coordinates:
  * time     (time) datetime64[ns] 2019-02-14 2019-02-15 2019-02-16 2019-02-17
  * space    (space) float64 0.25 0.35
```

上例中维度 space 的坐标值为 0.1、0.2 和 0.3,通过 interp 方法可以获得这些坐标点之外的数值。从以上代码可知,插值点可为单坐标值或坐标序列。除了可以对数字坐标插值,日期时间坐标同样也可以插值。

```
>>> da.interp(time='2019-02-14 12:20:00')
<xarray.DataArray (space: 3)>
array([0.402543  , 0.62262019, 0.78708057])
```

```
Coordinates:
  * space    (space) float64 0.1 0.2 0.3
    time     datetime64[ns] 2019-02-14T12:20:00

>>> dates = pd.date_range('2019-02-14', periods=4, freq='6H')
>>> da.interp(time=dates)
< xarray.DataArray (time: 4, space: 3)>
array([[0.        , 0.29552021, 0.56464247],
       [0.19583173, 0.45464993, 0.6728556 ],
       [0.39166345, 0.61377965, 0.78106873],
       [0.58749518, 0.77290937, 0.88928186]])
Coordinates:
  * space    (space) float64 0.1 0.2 0.3
  * time     (time) datetime64[ns] 2019-02-14... 2019-02-14T18:00:00
```

以上代码在插值时仅指定了单个维度,这称为一维插值。如果同时指定多个维度,将进行多维插值,这时每个维度的坐标都可为标量或序列。

```
>>> da.interp(time='2019-02-14 12:20:00', space=0.25)
< xarray.DataArray ()>
array(0.70485038)
Coordinates:
    time     datetime64[ns] 2019-02-14T12:20:00
    space    float64 0.25

>>> da.interp(time=dates, space=[0.15, 0.25])
< xarray.DataArray (time: 4, space: 2)>
array([[0.1477601 , 0.43008134],
       [0.32524083, 0.56375276],
       [0.50272155, 0.69742419],
       [0.68020227, 0.83109561]])
Coordinates:
  * time     (time) datetime64[ns] 2019-02-14... 2019-02-14T18:00:00
  * space    (space) float64 0.15 0.25
```

格点数据插值另一种常见的情况为:将数据从某一网格(源)插值到另一个范围和分辨率不同的网格(目标)。针对这种常见情况,DataArray 提供了便捷的方法 interp_like 直接将数据从源网格插值到目标网格。

```
>>> target= xr.DataArray(np.random.rand(3, 2),
```

```
...        coords=[('time',dates(:1)),('space',[0.15, 0.25)]]
>>> da.interp_like(target)
< xarray.DataArray (time: 3, space: 2)>
array([[0.1477601 , 0.43008134],
       [0.32524083, 0.56375276],
       [0.50272155, 0.69742419]])
Coordinates:
  * time      (time) datetime64[ns] 2019-02-14... 2019-02-14T12:00:00
  * space     (space) float64 0.15 0.25
```

　　虽然 DataArray 对象提供了方便的插值功能,但目前阶段这些功能还存在一些局限,即所有的插值操作只能在规则的维度坐标上进行(维度坐标的定义参见 8.2 节)。以常见的采用兰勃特投影的 WRF 模拟结果为例,在投影空间中距离坐标是规则坐标,但格点的经纬度坐标并不是规则坐标,因此不能直接将模式结果插值到经纬度格点上。尽管 DataArray 本身存在一定的局限,但是基于 xarray 数据结构的其他专用插值库可以完成任意类型网格之间的插值转换。这里值得关注的是 ESMF 格点插值程序库及其 Python 接口 xESMF。ESMF 支持在规则网格、曲线网格和非结构化网格之间进行任意插值转换。xESMF 支持 ESMF 的所有插值方法,其操作接口基于 xarray 的核心数据对象。因此在熟悉 xarray 之后,可以轻松完成各种插值操作。限于篇幅,这里不再进一步介绍 xESMF 扩展库,感兴趣的读者可自行查阅其官方文档(附录 A 表 A-1 第 15 行)。

8.4.2　合并与变换

　　xarray 同样提供了用于合并数据对象的 concat 和 merge 方法。由于这些方法本质上只是将 Pandas 中同名方法扩展到多维数组,读者可参阅 7.3.2 的相关介绍,这里仅给出简要的示例代码。concat 函数将多个 DataArray 对象按某一维度进行合并。

```
>>> foo=xr.DataArray(np.arange(6).reshape((2, 3)),
...                   [('x',['a', 'b']), ('y',[10, 20, 30])])
>>> bar=xr.DataArray(np.arange(0, 0.6, 0.1).reshape((2, 3)),
                      [('x',['a', 'c']), ('y',[10, 30, 40])])
>>> xr.concat([foo, bar], dim='x')
< xarray.DataArray (x: 4, y: 4)>
array([[0. , 1. , 2. , NaN],
       [3. , 4. , 5. , NaN],
       [0. , NaN, 0.1, 0.2],
       [0.3, NaN, 0.4, 0.5]])
Coordinates:
  * y        (y) int64 10 20 30 40
```

```
    *  x            (x) object 'a' 'b' 'a' 'c'
```

```
>>> xr.concat([foo, bar], dim='y')
< xarray.DataArray (x: 3, y: 6)>
array([[0. , 1. , 2. , 0. , 0.1, 0.2],
       [3. , 4. , 5. , NaN, NaN, NaN],
       [NaN, NaN, NaN, 0.3, 0.4, 0.5]])
Coordinates:
    *  x            (x) object 'a' 'b' 'c'
    *  y            (y) int64 10 20 30 10 30 40
```

对比 7.3.2 节的相关介绍可见,这里仅是将 Pandas 中同名函数的参数 axis 替换为表示维度的 dim 参数,两个函数的操作逻辑完全相同。

7.3.2 节介绍的 pd.merge 函数用于实现数据库风格的 join 操作,xarray 的函数 merge 与 Pandas 的同名函数在操作逻辑上存在较大区别。xarray 的函数 merge 主要用于将多个 DataArray 对象合并为新的 Dataset 对象。由于合并的 DataArray 对象的维度和坐标可能不同,相应地 merge 的结果也不同。

对于维度和坐标都相同的两个 DataArray 对象,将创建一个新 Dataset 对象。

```
>>> xr.merge([foo, foo.rename('ham')])
< xarray.Dataset>
Dimensions:  (x: 2, y: 3)
Coordinates:
    *  x            (x) < U1 'a' 'b'
    *  y            (y) int64 10 20 30
Data variables:
     foo          (x, y) int64 0 1 2 3 4 5
     ham          (x, y) int64 0 1 2 3 4 5
```

以上代码先将 foo 对象重命名后再与原对象合并,因此用于合并的两个对象的唯一区别是对象名字的不同。如果用于合并的多个数据对象的结构正好与以上描述相反(即数据内容不同但对象的名字相同),在默认情况下 merge 函数将报错。

```
>>> xr.merge([foo, bar.rename('foo')])
MergeError: conflicting values for variable 'foo' on objects to be combined. You can
skip this check by specifying compat='override'.
```

如果用于合并的数据对象的名字和维度都不相同,merge 函数返回的 Dataset 对象的坐标为原数据对象坐标的并集。

```
>>> xr.merge([foo, bar])
< xarray.Dataset>
Dimensions:(x: 3, y: 4)
Coordinates:
  * x          (x) object 'a' 'b' 'c'
  * y          (y) int64 10 20 30 40
Data variables:
    foo        (x, y) float64 0.0 1.0 2.0... NaN NaN NaN NaN NaN
    bar        (x, y) float64 0.0 nan 0.1... NaN 0.3 NaN 0.4 0.5
```

对于两个 DataArray 之间的合并,可以使用 combine_first 函数。

```
>>> foo.combine_first(bar)
< xarray.DataArray 'foo' (x: 3, y: 4)>
array([[0. , 1. , 2. , 0.2],
       [3. , 4. , 5. , NaN],
       [0.3, NaN, 0.4, 0.5]])
Coordinates:
  * x          (x) object 'a' 'b' 'c'
  * y          (y) int64 10 20 30 40
```

combine_first 方法的操作逻辑可分为三步:首先,新创建一个包含原对象 foo 和 bar 的所有坐标的 DataArray 对象,且新对象的元素值都为 NaN;其次,将对象 foo 按位置赋值给新创建的对象;最后,按位置将对象 bar 赋值到新创建对象中值为 NaN 的元素,非 NaN 的元素不替换。

8.4.3 分组聚合

xarray 的维度坐标与 Pandas 的行列标签(index 和 columns)作用类似,因此同样支持分组和聚合操作。

```
>>> arr = np.arange(12).reshape((4, 3))
>>> ds = xr.Dataset({'foo': (('x', 'y'), arr)},
...                  coords={'x': [10, 20, 30, 40],
...                          'letters': ('x', list('abab'))})
>>> ds.foo.groupby('letters').mean()
< xarray.DataArray 'foo' (letters: 2, y: 3)>
array([[3. , 4. , 5. ],
       [6. , 7. , 8. ]])
Coordinates:
```

```
   *  letters   (letters) object 'a' 'b'
Dimensions without coordinates: y
```

groupby 的参数为 DataArray 对象某一维度坐标的名字。上例中坐标 letters 的维度为 x,因此分组操作按维度 x 进行。DataArray 对象的 groupby 方法同样返回 GroupBy 对象。分组后的每个数据子集仍为 DataArray 对象,因此针对分组的聚合操作可以按选定的维度进行。如上例所示,聚合操作默认按最左侧的维度进行(即上例 ds 对象的维度 x),或使用 dim 参数指定其他维度名或表示全部维度的特殊值 xr. ALL_DIMS。

```
>>> ds. foo. groupby('letters'). mean(dim='y')
< xarray. DataArray 'foo' (x: 4)>
array([ 1. ,4. ,7. , 10. ])
Coordinates:
   * x         (x) int64 10 20 30 40
     letters   (x) < U1 'a' 'b' 'a' 'b'

>>> ds. foo. groupby('letters'). mean(dim=xr. ALL_DIMS)
< xarray. DataArray 'foo' (letters: 2)>
array([4. , 7. ])
Coordinates:
   * letters   (letters) object 'a' 'b'
```

以上代码仅对 DataArray 对象 foo 进行了分组和平均值的聚合计算,但以上分组聚合操作同样适用于 Dataset 对象。就上例而言,唯一区别是返回对象的类型不同,因此这里不再举例说明。除了上例中的 mean 方法,xarray 的 GroupBy 对象同样支持其他的聚合函数,详情请查阅 GroupBy 对象的文档(附录 A 表 A-1 第 16 行)。

上例中用于分组的坐标 letters 包含离散型的字符数据。对于气象常用的格点数据而言,表示时间和空间的坐标通常为连续型数据,因此并不能直接用于分组和聚合操作。虽然可以按照与 7.3.3 节类似的方式借助于 pd. cut 函数实现按区间的分组,但由于这种操作的普遍性,xarray 直接将其封装在 groupby_bins 方法中。

```
>>> ds. foo. groupby_bins('x', [0, 25, 50]). mean()
< xarray. DataArray 'foo' (x_bins: 2, y: 3)>
array([[1. 5, 2. 5, 3. 5],
       [7. 5, 8. 5, 9. 5]])
Coordinates:
   * x_bins    (x_bins) object (0, 25] (25, 50]
Dimensions without coordinates: y
```

　　上例中使用序列 [0, 25, 50] 将数据分为 (0, 25] 和 (25, 50] 两个区间。groupby_bins 方法在底层仍然先调用 pd. cut 函数先将序列 [0, 25, 50] 转换为类别标签，再调用 groupby 方法进行分组。

　　除了 GroupBy 对象内置的聚合方法，通过 GroupBy 对象的 apply 方法同样支持通用的聚合操作。

```
>>> def standardize(x):
...     return (x - x.mean()) / x.std()
>>> ds.foo.groupby('letters').apply(standardize)
< xarray.DataArray 'foo' (x: 4, y: 3)>
array([[- 1.28653504, - 0.96490128, - 0.64326752],
       [- 1.28653504, - 0.96490128, - 0.64326752],
       [ 0.64326752,  0.96490128,  1.28653504],
       [ 0.64326752,  0.96490128,  1.28653504]])
Coordinates:
  * x          (x) int64 10 20 30 40
    letters    (x) < U1 'a' 'b' 'a' 'b'
Dimensions without coordinates: y
```

　　xarray 对象的维度坐标在底层实际为表 7-1 中列举的 Pandas 标签对象，因此当维度坐标为日期时间时，可以进行一些与日期时间相关的特殊分组操作。以 xarray 自带的 NCEP 地表气温数据为例。

```
>>> air = xr.tutorial.open_dataset('air_temperature')
>>> air
Dimensions:  (lat: 25, lon: 53, time: 2920)
Coordinates:
  * lat    (lat) float32 75.0 72.5 70.0 ... 20.0 17.5 15.0
  * lon    (lon) float32 200.0 202.5 205.0 ... 325.0 327.5 330.0
  * time   (time) datetime64[ns] 2013-01-01 ... 2014-12-31T18:00:00
Data variables:
    air    (time, lat, lon) float32 ...
```

　　以上数据集的维度坐标 time 为日期时间型对象，通过其 dt 属性可以按日期时间进行分组。以下代码分别使用月份和季节对数据进行分组和平均值计算。

```
>>> air.groupby(air.time.dt.month).mean()
< xarray.Dataset>
Dimensions:(lat: 25, lon: 53, month: 12)
Coordinates:
```

```
 *  lat        (lat) float32 75.0 72.5 70.0... 20.0 17.5 15.0
 *  lon        (lon) float32 200.0 202.5 205.0... 325.0 327.5 330.0
 *  month      (month) int64 1 2 3 4 5 6 7 8 9 10 11 12
Data variables:
    air        (month, lat, lon) float32 246.35 246.38... 297.53


>>> air.groupby(air.time.dt.season).mean()
< xarray.Dataset>
Dimensions:   (lat: 25, lon: 53, season: 4)
Coordinates:
 *  lat        (lat) float32 75.0 72.5 70.0... 20.0 17.5 15.0
 *  lon        (lon) float32 200.0 202.5 205.0... 325.0 327.5 330.0
 *  season     (season) object 'DJF' 'JJA' 'MAM' 'SON'
Data variables:
    air        (season, lat, lon) float32 247.01 246.95... 299.47
```

8.4.4　外存计算

上节最后一个代码实例介绍了按不同时间频率计算数据平均值的操作,该操作在实际数据分析中十分常见。结合前面介绍的 open_mfdataset 函数和分组聚合操作,可以将上述常用的分析操作简化为数行代码,这极大地提高了数据分析的效率。随着数值模式分辨率的提高以及高分辨率观测资料的增多,目前气象数据的容量正在快速增长。以美国国家大气研究中心提供的数据集为例,绝大多数卫星和再分析数据集的容量在几十到几百太字节(terabyte)之间。由于物理内存的限制,以上大容量数据通常不能在工作站级别的计算机中直接完成分组和聚合操作。

虽然可以编写循环语句分块读取数据再进行计算,但这种实现方式不仅繁琐且容易出错,大量循环语句的使用更会导致 Python 代码执行效率的降低。为了解决 Python 语言处理大型数据集的问题,Dask 扩展库提出了分布式的数组对象和相应的并行算法。Dask 可以无缝地替代前面介绍的 NumPy 数组和 Pandas 中的 DataFrame 对象,支持数组大小大于实际内存的计算场景。xarray 底层实际使用 NumPy 数组作为基本的数据存储结构,因此可以无缝地使用 Dask 完成大型数据的计算。

由于 Dask 的工作方式与常见的软件包有较大的区别,在介绍其使用方法之前,需要先了解"延迟执行(laziness)"和"调度器(schedular)"这两个概念。Dask 的多数函数在调用时并不立即执行相应的操作,而仅仅生成相应操作的"流程图"。只有当用户明确要求进行计算时,之前生成的"流程图"才会被提交到"调度器"中完成实际的运算。"调度器"可分为本地和分布式两种,可理解为实际完成计算的硬件设备。换言之,使用 Dask 可以实现在本地编写程序,但在远程计算机上完成实际计算的工作模式。下面通过具体的例子来介绍使用 Dask 与 xarray 完成大型数据处理的方法。

在 8.3.2 节介绍 open_mfdataset 函数时,曾提到该函数返回的对象实际使用 dask. array 对象存储数据。

```
>>> ds = xr. open_mfdataset('data/ch8/t2m. *. nc')
>>> ds
< xarray. Dataset>
Dimensions:  (lat: 73, lon: 144, time: 13148)
Coordinates:
  * lat    (lat) float32 90. 0 87. 5 85. 0... - 85. 0 - 87. 5 - 90. 0
  * lon    (lon) float32 0. 0 2. 5 5. 0... 352. 5 355. 0 357. 5
  * time   (time) datetime64[ns] 2010-01-01... 2018-12-31T18:00:00
Data variables:
    air     (time, lat, lon) float32 dask. array< chunksize= (1460, 73, 144), meta=
np. ndarray>
```

具体数据使用 dask. array 或 NumPy 数组存储对于代码编写并无影响,同样可以进行平均值计算和分组聚合操作。

```
>>> mean = ds. mean(dim='time')
>>> mean
< xarray. Dataset>
Dimensions:  (lat: 94, lon: 192)
Coordinates:
  * lat    (lat) float32 88. 54 86. 65 84. 75... - 84. 75 - 86. 65 - 88. 54
  * lon    (lon) float32 0. 0 1. 875 3. 75... 354. 375 356. 25 358. 125
Data variables:
    air    (lat, lon) float32 dask. array< chunksize= (94, 192), meta=np. ndarray>
```

```
>>> avg = ds. groupby(ds. time. dt. weekday). mean()
>>> avg
< xarray. Dataset>
Dimensions:   (dayofweek: 7, lat: 94, lon: 192)
Coordinates:
  * lat       (lat) float32 88. 54 86. 65 84. 75... - 86. 65 - 88. 54
  * lon       (lon) float32 0. 0 1. 875 3. 75... 356. 25 358. 125
  * dayofweek (dayofweek) int64 0 1 2 3 4 5 6
Data variables:
    air        (dayofweek, lat, lon) float32
```

```
dask.array< chunksize= (1, 94, 192), meta= np.ndarray>
```

尽管调用函数之后可以查看相应的计算结果,但这里仅完成需要显示在屏幕上的部分值,并未完成全部的计算任务。如果需要完成全部计算并将结果以 NumPy 数组的形式加载到内存,需要直接调用对象的 compute 方法。

```
>>> mean.compute()
< xarray.Dataset>
Dimensions:  (lat: 94, lon: 192)
Coordinates:
  * lat    (lat) float32 88.54 86.65 84.75 ... -84.75 -86.65 -88.54
  * lon    (lon) float32 0.0 1.875 3.75 ... 354.375 356.25 358.125
Data variables:
    air    (lat, lon) float32 256.99 256.99 ... 228.47 228.32

>>> avg.compute()
< xarray.Dataset>
Dimensions:     (dayofweek: 7, lat: 94, lon: 192)
Coordinates:
  * lat      (lat) float32 88.54 86.65 84.75 ... -86.65 -88.54
  * lon      (lon) float32 0.0 1.875 3.75 ... 356.25 358.125
  * dayofweek   (dayofweek) int64 0 1 2 3 4 5 6
Data variables:
    air      (dayofweek, lat, lon) float32 257.06 257.06 ... 228.42
```

Dask 支持的调度器分为单机(single)和分布式(distributed)两类。默认情况下,Dask 将在本机创建单机调度器,因此以上代码并未直接创建任何调度器。单机调度器本质而言是一个线程(threads)或进程(processes)池,可细分为"threads","processes"和"single-threaded"三类。当使用单机调度器时,可以通过 scheduler 参数指定其类别。

```
>>> % timeit mean.compute(scheduler='threads')
6.45 s ± 119 ms per loop (mean ± std. dev. of 7 runs, 1 loop each)

>>> % timeit mean.compute(scheduler='processes')
2.88 s ± 117 ms per loop (mean ± std. dev. of 7 runs, 1 loop each)

>>> % timeit mean.compute(scheduler='single- threaded')
7.82 s ± 118 ms per loop (mean ± std. dev. of 7 runs, 1 loop each)
```

从以上代码输出可见,使用不同类别的单机调度器完成相同计算的耗时有较大的差别。

这与参与计算的数据类型、结构和计算类型有较大的关系。在进行具体的计算任务时,可先使用部分数据进行测试,以确定最佳的调度器类型。

　　分布式调度器可用于多核计算机或者大型集群,在单机多核环境中使用如下语句可创建基于本机的分布式调度器。

```
>>> from dask.distributed import Client
>>> client = Client()
```

　　执行以上代码将覆盖之前所有与调度器相关的设置,之后的代码将使用这里创建的调度器。

```
>>> % timeit mean.compute()
207 ms ± 469 ms per loop (mean ± std. dev. of 7 runs, 1 loop each)
```

　　从以上代码可以看出,在多核环境下使用分布式调度器可以实现更高的计算效率。在集群环境中配置分布式调度器的过程较为复杂,有兴趣的读者可参阅其官方文档(附录 A 表A-1 第 17 行)。

8.5　xarray 绘图

　　xarray 集成了部分 Matplotlib 的常用绘图函数。这些函数的组织和调用方式与 Pandas 一致,都封装在对象的 plot 属性中。xarray 支持的常用绘图方法如表 8-4 所示。

表 8-4　xarray 支持的常用绘图方法

方法名	数据维度	说明
line	一维	线图
hist	一维	直方图
step	一维	阶梯图
scatter	一维	散点图
pcolormesh	二维	伪彩色图
imshow	二维	平面图像
contour	二维	等值线图
contourf	二维	填色等值线图

　　xarray 的核心数据对象 DataArray 和 Dataset 都支持通过 plot 属性绘图。但表 8-4 中的多数图形类型都以单个二维数组作为输入,直接对应于单个 DataArray 对象,因此这里仅介绍 DataArray 对象的绘图方法。除了表 8-4 中列举的绘图方法,DataArray 对象的 plot 属性也支持调用,这时会根据数据的维度数自动选择图形类型。一维、二维和多维数据分别对应线图、

伪彩色图和直方图。

```
>>> air = xr.tutorial.open_dataset('air_temperature')
>>> air.air.interp(lat=40.0,lon=254.7).plot()
>>> air.air.mean(dim='time').plot()
>>> air.air.plot()
```

如图 8-3 所示,使用 DataArray 数据对象绘图的主要便利之处在于图形自动包含坐标轴和标题等相关信息。这些属性需要符合气候与预报(Climate and Forecast,CF)数据规范(附录 A 表 A-1 第 18 行),其中坐标轴的文字来自 DataArray 对象对应的维度坐标名,而图形标题来自对象 attrs 字典中的 long_name、standard_name 或 name 键(按先后顺序),图形色标的单位来 attrs 中的 units 键。

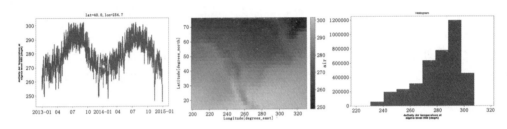

图 8-3　DataArray 对象 plot 属性的默认绘图类型

因为 xarray 的绘图接口仅是对 Matplotlib 绘图功能的简单封装,因此第 5 章介绍的绘图操作可以与 xarray 的绘图功能混用。

```
>>> fg, axs = plt.subplots(1, 2, figsize=(7, 3.))
>>> air.air.interp(lat=40.0, lon=254.7).plot(ax=axs[0], c='0.5')
>>> air.air.mean(dim='time').plot(ax=axs[1], cmap='jet')
>>> axs[1].plot(254.7, 40., 'o', ms=10, mec='r')
>>> axs[1].annotate('Boulder', xy=(254.7, 40), xycoords='data',
...     xytext=(-70, 20), textcoords='offset points',
...     fontsize=10, arrowprops=dict(facecolor='m', shrink=0.005))
```

以上代码使用 Matplotlib 的相关函数创建了包含两个子图的画布对象,并设置了画布的大小。在调用 DataArray 对象的 plot 函数时,将子图对象作为其参数 ax 传入,并通过 plot 函数的关键字参数指定了线图的颜色和填色图的色标,如图 8-4 所示。使用 xarray 的绘图功能时需要注意以下两点:首先,xarray 根据实际数据对象的维度确定相应的绘图函数,因此在绘图时需要明确对象数据的形状,以设置相应的绘图参数;其次,用户如须修改 xarray 自动添加坐标轴和图片标题等信息,需要在调用 xarray 提供的绘图函数之后进行。

基于上例和第 5 章中 Matplotlib 绘图函数的介绍,读者可自行尝试使用表 8-4 中的方法完成绘图,这里不再给出其他绘图方法的示例代码。

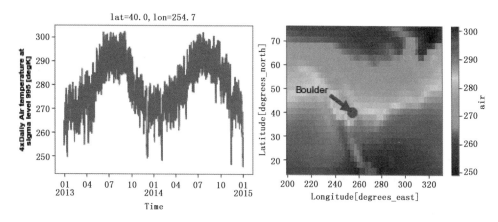

图 8-4　自定义 xarray 绘制的图形

本节最后的部分重点介绍 xarray 中格子图的绘制。xarray 的格子图借鉴了 Seaborn 格子图的接口,用于快速绘制并对比多幅相关的图形,省去用户设置画布对象并逐一调用绘图函数的麻烦。格子图用于将多维数据按其某一维度绘制为多幅图形。以前面的地表气温数据为例,如须对比不同年份温度分布的差异,仅须如下一行代码(图 8-5)。

```
>>> air.air.groupby(air.time.dt.year).mean()\
...        .plot(x='lon', y='lat', col='year')
```

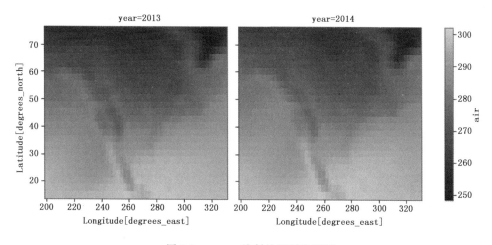

图 8-5　xarray 绘制的两列格子图

当在 plot 函数中指定 row 或 col 参数时,xarray 将自动创建包含多幅子图的格子图。参数 row 或 col 表示子图的行数和列数。如子图的数量较多,无法通过一行或一列显示,可以使用参数 col_wrap 指定最大列数。下列代码用于绘制不同月份的温度分布(图 8-6)。

```
>>> air.air.groupby(air.time.dt.month).mean()\
```

```
...        .plot(x='lon', y='lat', col='month', col_wrap=4)
```

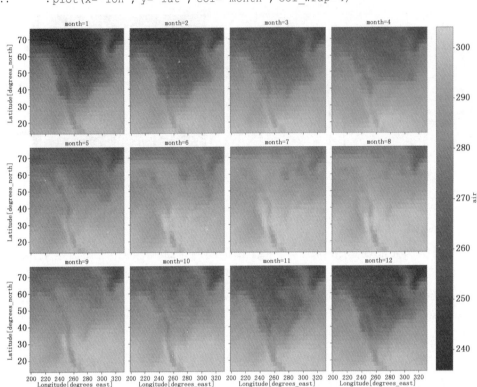

图 8-6　逐月气温分布格子图

　　以上两个例子中的图形也可以通过手动方式创建,但过程较为繁琐且代码量较大,xarray 提供的格子图函数极大地简化了以上绘图操作。另外,绘制格子图时所有图元对象都使用默认属性,但可通过关键字参数进行修改。xarray 还支持地图信息和投影数据的绘制,这些功能将在第 9 章中详细介绍。

第 9 章 气象应用实例

前面章节介绍 Python 基本功能和常用扩展库时,用到一些气象科研和业务中的应用实例。但是,前面介绍的语言特征和功能都是通用的,即在气象科研和业务以外的领域也有广泛的应用。使用这些通用的语言特征和功能完成气象常用的资料处理和分析任务时,仍需编写一定数量的代码。本章将针对气象资料分析常见的应用场景,重点介绍一些应用广泛的 Python 扩展库以及示例程序。这些气象专用的功能库基于前面章节介绍的内容开发,可极大简化气象科研和业务中常见的资料处理和分析任务。

9.1 WRF 模式后处理

美国国家大气研究中心开发的 WRF(Weather Research and Forecast)是气象科研与业务中最常用的数值模式。处理与分析 WRF 模式输出是很多从事数值模拟研究的气象工作者的日常工作。由于历史的原因,WRF 模式输出的数据存在很多对于数据分析不友好的地方。例如,不同的模式变量可能分布在不同的网格上;一些气象分析常用的简单物理量(如温度、气压和位势高度等)都未直接保存在模式输出中,需要基于其他输出变量间接计算。除了 WRF 模式自带的后处理工具(如 ARWPost),NCAR 开发的工具软件 NCL 一直以来是 WRF 模式输出的首选分析工具。尽管 NCAR 将 NCL 称为一种编程语言,但实际使用中仍存在较多的局限。首先,NCL 的各种功能都以全局函数的形式出现,各种功能没有明确的逻辑层次,使用者通常只能在官方提供的示例代码基础上修改。其次,NCL 的跨平台运行能力差,在 Windows 操作系统中安装和使用都较为繁琐。

尽管 NCL 存在诸多局限,但其集成的大量分析与绘图功能成为相关工作者不可或缺的工具。随着 Python 语言的流行,NCL 的局限性变得越发明显,因此 NCAR 在 2019 年 2 月正式宣布停止 NCL 的后续开发,并计划将原 NCL 的功能移植到 Python 语言中。早在 2017 年 3 月,NCAR 就已经发布了包含 WRF 模式输出后处理核心功能的 Python 扩展库 wrf-python。随着近几年的不断开发和完善,当前版本已经实现常用物理量计算、数据插值和绘图三项主要功能。wrf-python 在内部使用 xarray 作为其核心数据对象,因此熟悉第 8 章的内容对于灵活应用 wrf-python 具有重要意义。本节后续的示例代码假定已执行如下的模块加载代码。

```
>>> import wrf
```

9.1.1　物理量计算

由于历史原因,WRF 模式输出包含很多与代码开发和维护有关、但是对数据分析无用的变量。wrf-python 提供了 getvar 函数用于计算气象常用的物理量,该函数与 NCL 提供的 wrf_user_getvar 函数功能类似。基本调用形式如下。

```
getvar(wrfin, name, **kargs)
```

其中 wrfin 为 nc. Dataset 对象,name 为物理量的名字,kargs 为与具体物理量相关的其他参数。表 9-1 列举了 getvar 函数支持的常用物理量名称及其默认单位(其他物理量信息参见官方文档)。kargs 用于设置计算结果的单位以及其他相关计算参数,具体信息参见官方文档(附录 A 表 A-1 第 19 行)。

表 9-1　WRF 常用物理量列表

物理量名	说明	单位
eth/theta_e	相当位温	K
cape_2d	MCAPE/MCIN/LCL/LFC	J/kg; J/kg; m; m
cape_3d	三维 CAPE 和 CIN	J/kg; J/kg
ctt	云顶温度	degC
cloudfrac	云覆盖	%
dbz	三维反射率	dBZ
geopt/geopotential	质量网格上的位势高度	m^2/s^2
helicity	风暴相对螺旋度	m^2/s^2
lat	格点纬度	degrees
lon	格点经度	degrees
p/pres	模式全气压	Pa
pvo	位涡	PVU
rh	相对湿度	%
rh2	2 m 相对湿度	%
slp	海平面气压	hPa
ter	模式地形	m
td2	2 m 露点温度	degC
td	露点温度	degC
tc	摄氏温度	degC
th/theta	位温	K
tk	开尔文温度	K
tv	虚温	K
ua	质量格点上风场 U 分量	m/s
va	质量格点上风场 V 分量	m/s
wa	质量格点上风场 W 分量	m/s
z/height	质量格点的模式高度	m

注:degC 为℃,官方文档用 degC 表示。

　　根据 getvar 函数返回值的类型,表 9-1 中的物理量可分为多变量、二维和三维三种。例如,与风暴环境相关的 cape_2d 和 cape_3d 是多变量物理量,函数同时返回多个不同的物理量。以下代码从 WRF 模式输出计算并绘制对流不稳定能量(CAPE)的分布,如图 9-1 所示。

```
>>> wrfin = nc.Dataset('data/ch9/wrfout.nc')
>>> cape_2d = wrf.getvar(wrfin, 'cape_2d')
>>> cape_2d.sel(mcape_mcin_lcl_lfc='mcape').plot()
```

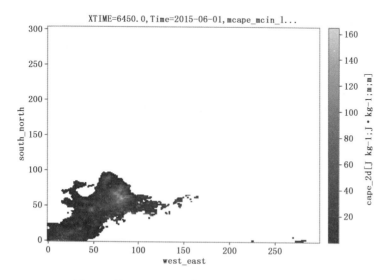

图 9-1　使用 wrf-python 计算并绘制最大 CAPE 值

　　getvar 函数默认返回 xarray.DataArray 对象,因此可以根据第 8 章的介绍选取部分数据进行做图分析。如果希望计算结果为 NumPy 对象,可在调用 getvar 函数时添加参数 meta= False。由于 DataArray 对象的 values 属性包含对应的 NumPy 数组,因此建议以 DataArray 作为返回值类型以获得 xarray 提供的各种功能。以下代码计算模式三维温度场并绘制低层温度分布(图 9-2)。

```
>>> tc = wrf.getvar(wrfin, 'tc')
>>> tc[1, :, :].plot()
```

　　除了表 9-1 中的物理量,getvar 函数还支持获取模式直接输出的物理量(图 9-3)。

```
>>> qv = wrf.getvar(wrfin, 'QVAPOR')
>>> qv[1, :, :].plot()
```

　　WRF 模式输出文件中包含的变量名称和数值单位参见 WRF 官方手册(附录 A 表 A-1 第 20 行)。

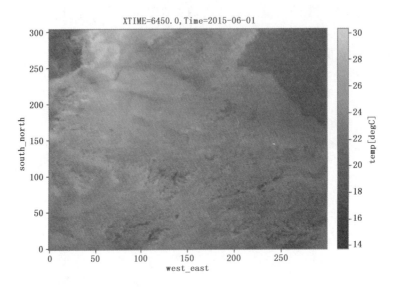

图 9-2　使用 wrf-python 绘制的低层温度分布

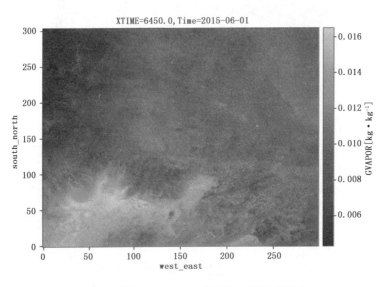

图 9-3　使用 wrf-python 绘制的低层湿度分布

9.1.2　插值

　　WRF 模式在垂直方向使用地形跟随坐标,因此在分析气象变量的水平分布时,通常需要将数据插值到常见的等高面或等压面上。除了这种插值到等值面的操作,另外一种常见的插值操作是获得多维格点数据的垂直剖面。wrf-python 提供如下四种插值函数用于完成等值面和垂直剖面的插值。

- wrf. interplevel
- wrf. vinterp
- wrf. vertcross
- wrf. vertline

下面逐一介绍这 4 个插值函数的使用方法。interplevel 函数用于将三维数组插值到某一等值面上(通常为等高面或等压面),其基本调用形式如下。

```
interplevel(var, coord, val)
```

其中 var 为三维数组,coord 为 var 的(源)垂直坐标,val 为需要插值的(目标)垂直坐标(可为标量或列表)。注意参数 coord 的形状须与 var 一致,且 val 的数值须在 coord 的数值范围内。因为 getvar 支持选择不同的数值单位,因此要特别注意 coord 和 val 数值单位的一致性。下面的代码将地形跟随坐标中的位势高度场插值到 500 hPa 等压面上并绘制等值线图(图 9-4)。

```
>>> z = wrf.getvar(wrfin, "z")
>>> p = wrf.getvar(wrfin, "pressure")      # 这里的单位为百帕
>>> ht500 = wrf.interplevel(z, p, [200., 300., 500., 850.])
>>> ht500[2,:,:].plot.contour(colors=['k'])
```

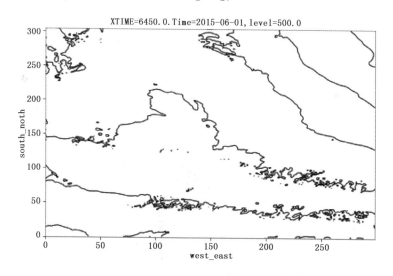

图 9-4　WRF 模式 500 hPa 等压面上的位势高度分布

vinterp 函数用于将三维数据插值到表 9-2 所示的几种预定义的垂直坐标上。注意上例调用 interplevel 函数时,直接指定了数据的垂直坐标 p。使用 vinterp 函数也可以得到相同的结果,但只需要指定垂直坐标的名字"p",具体的坐标数据由 vinterp 函数在后台自动计算。以下代码的插值结果与图 9-4 相同。

表 9-2   vinterp 函数支持的垂直坐标类型

参数名	说明
'pressure', 'pres', 'p'	等气压面(单位 hPa)
'ght_msl':	等海平面高度面(单位 km)
'ght_agl':	等地表高度面(单位 km)
'theta', 'th':	等位温面(单位 K)
'theta-e', 'thetae', 'eth'	等相当位温面(单位 K)

```
>>> interp_levels =[200, 300, 500, 850]
>>> interp_field = wrf.vinterp(wrfin, field=z, vert_coord="p",
...                   interp_levels=interp_levels,
...                   extrapolate=False, log_p=False)
>>> interp_field.sel(interp_level=500).plot()
```

vertcross 和 vertline 分别用于创建三维和二维数据的垂直剖面。垂直剖面的位置由起始和终止两个点的坐标,或者一个基准点和一个角度表示。wrf-python 提供了 CoordPair 类用于表示构成垂直剖面的点,坐标值支持格点和经纬度两种数值类型。三维数据的垂直剖面可以通过两种方式创建:第一种方式使用两个 CoordPair 对象表示的点(图 9-5)。

```
>>> dbz = wrf.getvar(wrfin, 'dbz')
>>> xy0 = wrf.CoordPair(x=100, y=150)
>>> xy1 = wrf.CoordPair(x=150, y=300)
>>> p_vert =wrf.vertcross(dbz, z, start_point=xy0, end_point=xy1)
>>> p_vert.plot()
```

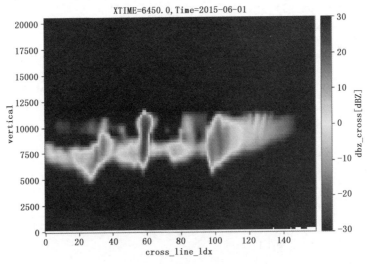

图 9-5   WRF 模式数据绘制的垂直剖面图

　　上例使用格点位置作为垂直剖面的坐标。除此之外,还可以使用经纬度作为剖面位置的坐标。以下代码得到的剖面与图 9-5 一致。

```
>>> ll0 = wrf.CoordPair(lat=32.514, lon=115.221)
>>> ll1 = wrf.CoordPair(lat=36.356, lon=117.664)
>>> p_vert1 = wrf.vertcross(dbz, z, start_point=ll0,end_point=ll1,
...                         wrfin=wrfin)
>>> p_vert1.plot()
```

　　以上代码在创建基于经纬度坐标点的 CoordPair 对象时,使用了关键字参数 lat 和 lon。调用 vertcross 函数时增加了之前创建的 nc.Dataset 对象 wrfin 作为参数。从实际处理逻辑来看,vertcross 函数先将经纬度坐标转换为格点坐标再进行插值,参数 wrfin 为坐标转换提供了必要的投影信息。

　　WRF 支持多种地图投影,因此格点的实际经纬度与配置 WRF 时选择的地图投影相关。为了方便在格点和经纬度坐标之间转换,wrf-python 提供相应的函数,其中函数 xy_to_ll 将格点转换为经纬度坐标,而函数 ll_to_xy 实现反向的转换。

```
>>> wrf.xy_to_ll(wrfin, 100, 150)
< xarray.DataArray 'latlon' (lat_lon: 2)>
array([ 32.51391953, 115.22138004])
Coordinates:
    xy_coord   object CoordPair(x=100, y=150)
  * lat_lon    (lat_lon) < U3 'lat' 'lon'

>>> wrf.ll_to_xy(wrfin, 32.5139, 115.2214)
< xarray.DataArray 'xy' (x_y: 2)>
array([100, 150])
Coordinates:
    latlon_coord   object CoordPair(lat=32.51392, lon=115.2214)
  * x_y            (x_y) < U1 'x' 'y'
```

　　从以上例子可见,创建垂直剖面的核心是指定剖面对应的直线。除了使用两个点确定一条直线外,还可以以一个点和一个角度来确定一条直线。这里规定角度以正北为零,并沿顺时针方向增加。以下代码创建了穿越 xy0 点的垂直剖面。

```
>>> p_vert2 = wrf.vertcross(dbz, z, pivot_point=xy0, angle=18.435)
>>> p_vert2.plot()
```

　　对比图 9-5 和图 9-6 可以发现,图 9-5 为图 9-6 的一部分。这是因为图 9-6 对应的剖面角度参数 angle 通过 xy0 和 xy1 计算得到。

```
>>> 90. - np.rad2deg(np.arctan2(xy1.y-xy0.y, xy1.x-xy0.x))
18.43494882292201
```

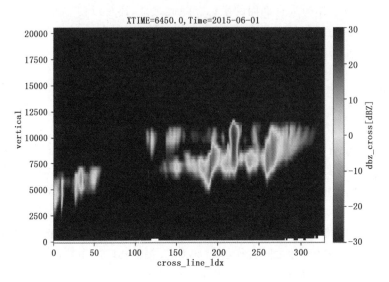

图 9-6　使用参考点和角度创建的垂直剖面

vertcross 函数用于将三维数据插值到二维剖面,而 interpline 函数用于将二维数据插值到一维直线上。vertcross 和 interpline 函数的区别仅在于被插值数据的维度不同,其调用接口和参数形式都非常相似,同样支持两个点(格点坐标和经纬度坐标)、一个点和一个角的方式确定剖面位置。

```
>>> mdbz = dbz.max(dim='bottom_top', keep_attrs=True)
>>> wrf.interpline(mdbz, start_point=xy0, end_point=xy1).plot()
```

图 9-7 对应的图形同样可以通过经纬度坐标创建。

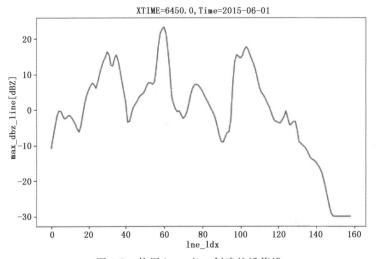

图 9-7　使用 interpline 创建的插值线

```
>>> wrf.interpline(mdbz, start_point=ll0, end_point=ll1,
...                       wrfin=wrfin).plot()
```

9.1.3　绘图

前面介绍 WRF 模式输出的各种物理量以及分析函数时,绘制了分析结果对应的部分图形。为了简单起见,前面绘制的图形都使用格点坐标,未考虑数据的地图投影。更多情况下,须将模式数据绘制到投影坐标,并叠加相关的地理信息。

WRF 模式输出的 NetCDF 文件包含模式使用的投影信息(以下语句的输出隐去了与地图投影无关的内容)。

```
>>> wrfin
< class 'netCDF4._netCDF4.Dataset'>
    ...
    CEN_LAT: 32.358208
    CEN_LON: 116.81024
    TRUELAT1: 30.0
    TRUELAT2: 60.0
    MOAD_CEN_LAT: 37.000004
    STAND_LON: 103.527
    MAP_PROJ: 1
    MAP_PROJ_CHAR: Lambert Conformal
    ...
```

利用 NetCDF 文件记录的地图投影信息,根据 5.6 节的介绍即可创建地图对象并进行绘图。为了简化地图绘制的相关操作,wrf-python 提供了相应的辅助函数,这些函数同时支持 Basemap 和 Cartopy。下面通过实例介绍这些函数的用法。

回顾 5.6.1 节的内容可知,使用 basemap 绘制地图的核心步骤是创建包含正确投影的 Basemap 对象。wrf-python 提供了 get_basemap 函数用于创建与 WRF 模式输出对应的 Basemap 对象。

```
>>> m = wrf.get_basemap(wrfin=wrfin)
>>> lat, lon = wrf.latlon_coords(mdbz)
>>> cs = m.pcolormesh(wrf.to_np(lon), wrf.to_np(lat),
...                        mdbz, latlon=True)
>>> m.drawcoastlines(linewidth=0.75)
>>> m.drawcountries(linewidth=0.75)
>>> plt.colorbar(cs)
```

上例代码首先使用 latlon_coords 函数得到变量 mdbz 的经纬度信息。默认情况下 wrf-python 函数的返回值为 DataArray 对象,而包含 Basemap 在内的很多扩展库还不支持 Data-

Array 对象,因此在调用绘图函数 pcolormesh 时,调用了 to_np 函数将 DataArray 对象转换为 NumPy 数组。虽然 DataArray 对象的 values 属性同样用于获得对象对应的 NumPy 数组,但在数据包含缺测值时 values 属性的返回值与 to_np 函数不同。

使用 cartopy 绘制地图的核心步骤是创建包含投影信息的 Axes 对象,wrf-python 提供的 get_cartopy 函数用于创建相应的投影对象。以下代码创建的图形与图 9-8 一致。

```
>>> import cartopy.crs as crs
>>> from cartopy.feature import NaturalEarthFeature
>>> cart_proj = wrf.get_cartopy(dbz)
>>> fg, ax = plt.subplots(1,1,subplot_kw={'projection':
...                                      cart_proj})
>>> cs = ax.pcolormesh(lon, lat, mdbz,
...                     transform=crs.PlateCarree())
>>> states = NaturalEarthFeature(category='cultural', scale='50m',
...     facecolor="none", name="admin_1_states_provinces_shp")
>>> ax.add_feature(states, linewidth=1.5, edgecolor="black")
>>> ax.coastlines('50m', linewidth=0.8, edgecolor="black")
>>> ax.set_xlim(wrf.cartopy_xlim(mdbz))
>>> ax.set_ylim(wrf.cartopy_ylim(mdbz))
>>> fg.colorbar(cs)
```

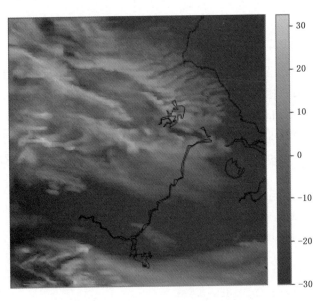

图 9-8　基于 Basemap 绘制的 WRF 合成反射率

9.2　探空资料分析

利用探空资料计算对流天气过程的环境参数是气象科研和业务中常见的任务,这些相关参数基于气块模型积分得到,计算过程较为复杂。目前 Python 语言有两个主流的扩展库可以实现探空资料的分析:SHARPpy 和 MetPy。SHARPpy 是美国风暴预测中心(Storm Prediction Center)基于其温度对数压力图和速矢端迹图分析程序(Skew-T Hodograph Analysis Research Program,SHARP)开发的探空数据分析和绘图程序。SHARPpy 既可以作为 Python 扩展库在用户自己编写的代码中被调用,也可以作为单独的桌面程序使用。MetPy 是美国国家大气研究中心开发的用于读取、分析和绘图气象数据的扩展库。除了包含与 SHARPpy 类似的探空资料分析功能,MetPy 还能读取包括数值模式资料和雷达资料在内的其他气象资料,以及相关的绘图与分析功能。尽管 MetPy 的功能比 SHARPpy 更为丰富,但本节仅介绍 SHARPpy 的使用。以笔者的使用经验来看,目前阶段 MetPy 还存在两个明显的缺点:首先,MetPy 缺乏明确的定位,其包含的各种功能都较为基础,一些功能已有更优秀的扩展库可供选择;其次,MetPy 的数据分析强制使用单位信息,虽然这样有利于避免单位不一致导致的计算错误,但在实际使用中并不方便。有兴趣的读者可以自行查看 MetPy 的官方文档(附录 A 表 A-1 第 21 行)。

在命令行界面下运行如下命令即可安装 SHARPpy 扩展库。

```
> pip3 install sharppy
```

SHARPpy 的桌面窗口程序使用 QT 界面库的 Python 接口 PySide2 编写,因此如须使用桌面窗口程序,须同时使用如下命令安装 QtPy 和 PySide2。

```
> pip3 install pyside2 qtpy
```

完成以上 Python 扩展库的安装之后,即可使用如下命令启动如图 9-9 所示的探空资料选择窗口。

```
> sharppy
```

在窗口右侧的地图中选择探空数据点,再点击左侧的"Generate Profiles"按钮,即可出现图 9-10 所示的探空资料分析界面。

图 9-10 中的图形和数值的详细介绍可参阅官方说明。SHARPpy 窗口程序内置的探空数据源主要来自北美地区,由于网络访问的原因实际使用并不方便。本节主要介绍 SHARPpy 的 Python 编程接口,使用该接口可以创建与图 9-10 类似的图形以及计算图中展示的物理量,方便用户进行数据分析或系统集成。

图 9-9　SHARPpy 的探空资料选择窗口

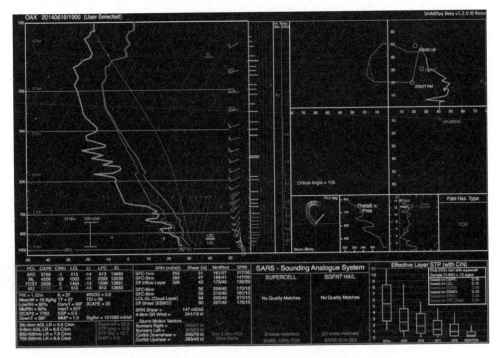

图 9-10　SHARPpy 风暴环境分析界面

9.2.1 环境参量计算

SHARPpy 的 Python 编程接口封装在 sharppy. sharptab 模块下,包含如表 9-3 所示的多个子模块。其中所有与风暴环境相关的计算都使用 profile 模块下的 Profile 对象,因此使用 SHARPpy 相关功能的第一步是创建 Profile 对象。Profile 对象接受如表 9-4 所示的 6 个参数,其中最后的风向风速可以使用东西风 u 和南北风 v 代替。这 6 个参数需要从实际的探空数据文件中读取,下面使用 SHARPpy 自带的探空数据文件作为例子,介绍 Profile 对象的创建过程。

表 9-3 SHARPpy 的 Python 编程接口包含的功能模块

模块名	功能说明
profile	表示探空数据的 Profile 对象
interp	对不同变量进行等压面插值
winds	风场相关物理量(切变、螺旋度等)计算
utils	坐标转换、风速风向转换等辅助函数
params	基于 Profile 对象的物理量计算
thermo	热力学变量的辅助计算函数
fire	火险天气相关计算

```
>>> from sharppy. sharptab import profile
>>> from sharppy. sharptab import params
>>> from sharppy. sharptab import thermo
>>> from sharppy. sharptab import interp
>>> from io import StringIO
>>> with open('data/ch9/14061619. OAX') as fin:
>>>     data =[l. strip() for l in fin. readlines()]
>>> sidx = data. index('%RAW%')
>>> eidx = data. index('%END%')
>>> raw_data = '\n'. join(data[sidx:eidx][:])
>>> sound_data = StringIO( raw_data )
>>> res = np. genfromtxt(sound_data, delimiter=',', comments="% ",
...                      unpack=True)
>>> pres, hght, tmpc, dwpc, wdir, wspd = res
>>> prof = profile. create_profile(profile='default',
...     pres=pres, hght=hght, tmpc=tmpc, dwpc=dwpc, wspd=wspd,
...     wdir=wdir, missing=-9999, strictQC=False)
```

表 9-4   Profile 对象构造函数接受的物理参数

参数名	单位	说明
pres	hPa	气压
hght	m	海平面高度
tmpc	℃	温度
dwpc	℃	露点温度
wspd	节(kn)①	风速
wdir	度(°)	风向

创建完 Profile 对象之后,即可通过气块法获得探空数据对应大气环境场的各种动力和热力参量。气块法的相关计算使用 params 模块的 parcelx 函数。

```
>>> mupcl = params.parcelx(prof, flag=3)
```

其中第一个参数为 Profile 对象,第二个参数 flag 为不同的初始气块,其不同数值的含义见表 9-5。

表 9-5   不同参数对应的初始气块特征

flag 参数值	说明
1	地表气块
2	预报气块
3	最不稳定气块
4	近地面 100 hPa 平均气块

parcelx 函数的返回值为 Parcel 对象,通过该对象可以直接获得如表 9-6 所示的各种常见环境动力和热力因子。

```
>>> print("CAPE, CIN:", mupcl.bplus, mupcl.bminus) # J/kg
CAPE, CIN: 5769.22, -0.64

>>> print("LCL, LFC:", mupcl.lclhght, mupcl.lfchght) # meters AGL
LCL, LFC: 512.72, 612.54

>>> print("EL, LI:", mupcl.elhght, mupcl.li5) # meters AGL
EL, LI: 13882.58, -13.81
```

---

① 1 节(kn)=0.514 m/s

表 9-6　SHARPpy 支持的气块特征参数

属性	说明	属性	说明
pres	气块初始气压	bfzl	至凝结层的 CAPE
tmpc	气块初始温度	b3 km	至 3000 m 高度的 CAPE
dwpc	气块初始露点	b6 km	至凝结层的 CAPE
ptrace	气块路径气压	p0c	0℃层气压
ttrace	气块路径温度	pm10c	−10℃层气压
lclpres	抬升凝结高度气压	pm20c	−20℃层气压
lclhght	抬升凝结高度	pm30c	−30℃层气压
lfcpres	自由对流高度气压	hght0c	0℃层高度
lfchght	自由对流高度	hghtm10c	−10℃层高度
elpres	平衡层高度气压	hghtm20c	−20℃层高度
elhght	平衡层高度	hghtm30c	−30℃层高度
bplus	CAPE	wm10c	−10℃层湿球温度
bminus	CIN	bmin	廓线中最小浮力
li5	500 hPa 抬升指数	bminpres	浮力最小处气压
li3	300 hPa 抬升指数	brn	粗里查森数
limax	整层最大抬升指数	cap	顶盖逆温强度

9.2.2　温度压力对数图

　　除了计算表示环境特征的单个动力或热力学参量,探空资料的另一个重要且常见的用途是绘制如图 9-11 所示的温度对数压力图。SHARPpy 在底层仍然调用 Matplotlib 完成实际绘图工作,但使用了与 Cartopy 绘图地图类似的支持特殊投影的 Axes 子类对象。Matplotlib 默认提供的 Axes 对象仅支持在数据和绘图区域坐标之间进行线性变换。换言之,原始数据中数值间隔相同的点,在绘图区域中的间隔也相同。温度压力对数图的垂直坐标(y 轴)气压使用了对数变换,而水平坐标(x 轴)温度使用了旋转变换(也就是说 x 轴倾斜了,这是其英文名 skew-t 的由来)。创建温度压力对数图所需的投影 Axes 对象的代码保存在补充材料(skewt.py 文件)中,以下代码中将直接引用其中创建的 SkewXAxes 类。下面分步介绍图 9-11 的创建过程,绘图之前先导入需要用到的模块。

```
>>> from matplotlib.patches import Circle
>>> from matplotlib.ticker import ScalarFormatter, MultipleLocator
>>> from skewt import SkewXAxes
>>> from matplotlib.projections import register_projection
>>> register_projection(SkewXAxes)
```

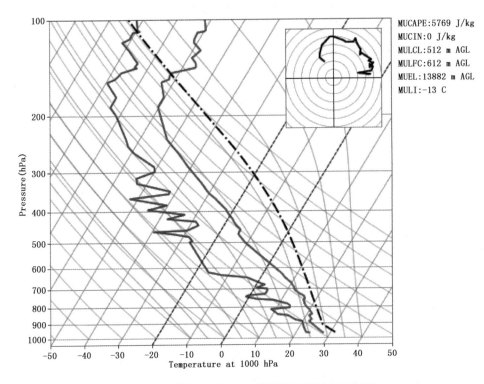

图 9-11　使用 SHARPpy 绘制的温度压力对数图

　　绘制温度压力对数图的基本步骤与绘制其他类型图形的步骤一致，首先需要创建相应的画布和子图对象。但与常规 Matplotlib 图形不同的地方是，在创建 Axes 对象时设置了 projection 参数（注意 5.6.2 节使用 Cartopy 绘制地图时同样设置了这一参数），其参数值 'skewx' 为创建 SkewXAxes 类时在 Matplotlib 中注册的投影名称。

```
>>> fg, ax = plt.subplots(1, 1, figsize=(6, 6),
...                        subplot_kw={'projection': 'skewx'})
>>> ax.grid(True)
```

在此子图对象基础上，绘制干绝热和湿绝热线作为背景。

```
>>> pcl = mupcl
>>> pmax = 1000
>>> pmin = 10
>>> dp = -10
>>> presvals = np.arange(int(pmax), int(pmin)+dp, dp)
>>> for t in np.arange(-10,45,5):
>>>     tw = []
```

```
>>>       for p in presvals:
>>>           tw.append(thermo.wetlift(1000., t, p))
>>>       ax.semilogy(tw, presvals, 'k-', alpha=.2)
>>> def thetas(theta, presvals):
>>>     return ((theta + thermo.ZEROCNK) / (np.power((1000. /
...              presvals),thermo.ROCP))) - thermo.ZEROCNK
>>> for t in np.arange(-50,110,10):
>>>     ax.semilogy(thetas(t, presvals), presvals, 'r-', alpha=.2)
>>> l = ax.axvline(0, color='b', linestyle='--')
>>> l = ax.axvline(-20, color='b', linestyle='--')
```

再分别绘制探空数据对应的温度、露点和湿球温度曲线，以及气块上升过程中的温度和气压。由于这里的子图对象 ax 已经包含相应的投影信息，在调用绘图函数时无须再进行数据变换。

```
>>> ax.semilogy(prof.tmpc, prof.pres, 'r', lw=2) # 温度廓线
>>> ax.semilogy(prof.dwpc, prof.pres, 'g', lw=2) # 露点温度廓线
>>> ax.semilogy(pcl.ttrace, pcl.ptrace, 'k-.', lw=2) # 气块上升轨迹
```

由于使用了特殊的投影，需要按气象分析的习惯设置 x 和 y 轴的标签位置和数值。

```
>>> ax.yaxis.set_major_formatter(ScalarFormatter())
>>> ax.set_yticks(np.linspace(100,1000,10))
>>> ax.set_ylim(1050,100)
>>> ax.xaxis.set_major_locator(MultipleLocator(10))
>>> ax.set_xlim(-50, 50)
>>> ax.set_xlabel('Temperature at 1000 hPa')
>>> ax.set_ylabel('Pressure (hPa)')
```

以下代码在温度对数压力图的基础上叠加速矢端迹图。为了将该图叠加在探空图形之上，以下代码在同一个画布对象上重新创建新的子图对象。

```
>>> ax2 = plt.axes([.675,.675,.25,.25])
>>> b12km = np.where(interp.to_agl(prof, prof.hght)< 12000)[0]
>>> u_prf = prof.u[b12km]
>>> v_prf = prof.v[b12km]
>>> ax2.plot(u_prf[~u_pro.mask], v_prf[~u_prf.mask], 'k-', lw=2)
>>> ax2.get_xaxis().set_visible(False)
>>> ax2.get_yaxis().set_visible(False)
>>> for i in range(10, 90, 30):
>>>     circle = Circle((0,0), i, color='k', alpha=.3, fill=False)
```

```
>>>      ax2.add_artist(circle)
>>>   ax2.set_xlim(-60,60)
>>>   ax2.set_ylim(-60,60)
>>>   ax2.axhline(y=0, color='k')
>>>   ax2.axvline(x=0, color='k')
```

最后将部分环境动力和热力参数作为文字信息添加到图形上。

```
>>>   indices = {'MUCAPE':[int(mupcl.bplus), 'J/kg'],\
...              'MUCIN':[int(mupcl.bminus), 'J/kg'],\
...              'MULCL':[int(mupcl.lclhght), 'm AGL'],\
...              'MULFC':[int(mupcl.lfchght), 'm AGL'],\
...              'MUEL':[int(mupcl.elhght), 'm AGL'],\
...              'MULI':[int(mupcl.li5), 'C']}
>>>   string = ''
>>>   for k, v in indices.items():
>>>       string += k +': ' + str(v[0]) +' ' + v[1] +'\n\n'
>>>   ax.text(1.02, 1, string, va='top', transform=ax.transAxes)
```

运行以上所有代码得到的图形如图 9-11 所示。

9.3　调用 Fortran 代码

　　一些具有其他编程语言使用经验的 Python 初学者常提出这样的问题：Python 与某某语言谁的执行速度更快？在本书前言中已经提到，由于 Python 语言动态和解释执行的特性，从相同功能代码的绝对执行时间来看，其运行效率要远低于静态语言。Python 语言效率低的特性在执行循环语句时尤为明显，特别是多重嵌套的循环语句。处理多维数组数据时嵌套循环是常见的代码结构，很多初学者在使用 Python 改写之前用静态语言编写的程序之后，发现相同功能的代码运行时间显著增加，这种情况极可能是因为代码中使用了嵌套循环。

　　由于动态性和解释性的语言特征，Python 代码执行效率低是不可避免的弱点。本书 1.2 节介绍了程序运行时间的"帕累托法则"，即 20% 的代码占用程序整体 80% 以上的运行时间。针对这 20% 执行效率低的代码，Python 语言提供了多种优化运行速度的方法。第 4 章介绍的 NumPy 扩展库即是 Python 执行效率优化的例子。NumPy 将数组处理中常用的循环语句通过 C 语言实现，从而大幅提高了数组操作的执行效率。因此，对于 NumPy 数组而言，调用内置函数和方法比手动编写循环的执行效率高很多。除了常见的求和、平均等 NumPy 函数，很多看似需要编写循环的计算也可以通过 NumPy 或 SciPy 函数实现。例如常见的二维数组 9 点平滑操作，直接使用循环的代码如下。

```
>>> def smooth9(arr2d):
>>>     m = np.zeros_like(arr2d)
>>>     for i in range(1, arr2d.shape[0]-1):
>>>         for j in range(1, arr2d.shape[1]-1):
>>>             m[i,j] = arr2d[i-1:i+2, j-1:j+2].mean()
>>>     return m
>>> arr2d = np.random.rand(1000, 1000)
>>> %timeit smooth9(arr2d)
6.96 s ± 31.9 ms per loop
```

使用嵌套循环计算大小为 1000 * 1000 数组的 9 点平滑需要近 7 s 时间。通过 SciPy 扩展库中的二维卷积函数 convolve2d 实现相同的功能仅需 44 ms,速度提高了近 160 倍。

```
>>> from scipy.signal import convolve2d
>>> %timeit convolve2d(arr2d, np.ones((3,3))/9.)
44.4 ms ± 581 μs per loop
```

尽管 NumPy 和 SciPy 提供了众多数学函数,但仍无法覆盖实际编程中用户的全部计算需求。这种情况下提高 Python 代码运行效率的根本手段是将部分耗时的代码通过其他静态语言重写。目前最常用的 Python 解释器 CPython 由 C 语言编写,其 C 语言编程接口(C/API)可以直接调用 C、C++和 Fortran 语言编写的代码。这种跨语言的代码调用通过 3.1 节介绍的模块实现。Python 语言中除了源文件之外,特殊的动态库文件也可以作为模块加载。这种动态库形式的 Python 模块文件称为扩展模块(extension module),因其包含特殊命名的入口函数所以可被 Python 识别并加载。手动创建扩展模块的过程较为繁琐,有兴趣的读者可以参考相关的网络教程(附录 A 表 A-1 第 22 行)。简单而言,创建扩展模块需要编写两类特殊命名的 C 函数。第一类函数用于初始化模块并提供模块本身的信息(如模块的说明文字和其中包含的函数),第二类函数作为 Python 和 C 语言之间数据类型的转换接口。目前 Python 开源社区存在多个简化扩展模块创建过程的工具包,如 SWIG,Cython 和 Boost∷Py 等。这些工具包在设计理念、使用方法和自动化程度方面存在较大的差异,有兴趣的读者可以参阅各自的官方文档。

Fortran 语言是高性能计算领域常用的编程语言,在气象相关领域有广泛的应用。Fortran 和 C 语言有较高的互操作性,Fortran 2003 标准定义了与 C 语言无缝交换的数据类型。因此使用 Fortran 语言可以创建 Python 扩展模块,并以 Fortran 代码的速度执行部分计算。由于 Fortran 语言在科学计算领域的流行,大量常用且成熟的算法都有 Fortran 语言实现的版本。为了充分利用这些历史流传的代码资源,NumPy 项目开发了将 Fortran 转换为 Python 扩展模块的工具 f2py。Python 语言最常用的算法库 Scipy 中包含大量通过 f2py 转换的扩展模块。从笔者个人的经历来看,多数从事气象相关工作的科研和业务人员手中都有一些常用的 Fortran 代码。能否使用 Python 实现这些代码的功能是他们迈入 Python 大门之后首先关注的问题。本节将详细介绍 f2py 的用法，在熟悉本章内容之后，读者可以在不修改 Fortran 源码（或者仅对代码进行微调）的前提下使用已有 Fortran 代码的功能，并大幅提高计算效率。

9.3.1 f2py

正常情况下在安装 NumPy 的过程中 f2py 被同时安装到系统可执行目录。对于简单的 Fortran 子程序，如下面计算斐波那契数列的子程序（fib.f90）。

```
subroutine fib(a, n)
integer n
real*8 a(n)
do i=1,n
  if (i.eq.1) then
      a(i) = 0.0d0
  elseif (i.eq.2) then
      a(i) = 1.0d0
  else
      a(i) = a(i-1) + a(i-2)
  endif
enddo
end
```

仅须在命令行窗口中（假设当前工作路径为以上 Fortran 代码文件所在目录）执行如下代码，即可创建可在 Python 中调用的扩展模块。

```
> f2py -c fib.f90 -m fib
```

其中选项-c 后接的参数为需转换的 Fortran 源文件名，选项-m 后接的参数为扩展模块的名称。以上命令执行过程中，f2py 将尝试调用系统已安装的 Fortran 编译器，并添加合适的编译选项以生成 Python 可调用的动态链接库。如果编译过程正常，将在当前工作目录生成扩展模块 fib.so（Windows 平台下为 fib.pyd）。之后即可在 Python 命令行环境中加载该模块并调用其中的函数。

```
>>> import fib
>>> a = np.zeros(6, 'd')
>>> fib.fib(a)
>>> print(a)
array([0., 1., 1., 2., 3., 5.])
```

从模块使用的角度而言，f2py 创建的扩展模块与 Python 语言编写的模块并无区别。但是，由于扩展模块实际执行的是编译过的静态代码，其运行效率远高于相同功能的 Python 源码模块。

　　上例中仅使用一行命令即完成了 Fortran 源程序到 Python 扩展模块的转换,说明了使用 f2py 转换 Fortran 代码的便捷性。但是,这一例子仅是最简单情况,读者转换手中 Fortran 代码的步骤可能比上例更复杂。其实,略修改上例的代码即可引起错误的计算结果。

```
>>> a = np.zeros(6, 'f4')
>>> fib.fib(a)
>>> print(a)
array([0., 0., 0., 0., 0., 0.], dtype=float32)
```

　　注意这里仅改变了输入数组 a 的元素类型,但计算结果却与之前完全不同。跨语言执行代码的核心是匹配不同语言之间的数据类型。出现以上错误结果的原因在于,当输入数据类型不同时,实际传递给 Fortran 代码的数据发生变化。下一节中将详细介绍如何控制参数传递和转换的细节,以确保从 Python 调用 Fortran 代码的正确性。

9.3.2　参数传递

　　f2py 创建扩展模块的过程中,根据 Fortran 源代码自动创建模块初始化和接口转换函数。接口转换函数用于解决数据类型匹配和修改方式两方面的问题,尽管 f2py 试图通过分析 Fortran 源代码来猜测参数的用法,但这种自动方式在很多时候并不能完全理解程序作者的真实意图,从而出现参数传递不正确的情况。对于 Fortran 代码而言,数据类型匹配主要需要考虑表 9-7 所示的对应关系。由于 Python 语言中的数字和字符串为不可修改对象,表 9-7 中前三种数据类型都以“传值”的方式从 Python 传入 Fortran。对于数组对象而言,当数组对象与 Fortran 代码对应的数组完全兼容时,将直接以“传址”的方式调用,否则将先创建与 Fortran 代码对应数组兼容的 Python 数组拷贝,再传入 Fortran 代码。这里的数组兼容是指数组的元素类型和内存布局都完全一致。本节开始介绍的斐波那契数列计算程序就是数组兼容的例子,注意在 Python 代码中创建的数组 a 和 Fortran 代码中定义的数组 a 都为双精度数组。因此调用 Fortran 代码时使用了传址的方式,当在 Fortran 代码中修改数组 a 时,Python 代码中对应数组的元素值也发生了变化。但当重新创建单精度的数组 a 时,由于元素类型不兼容,f2py 创建了一个双精度的临时数组,在拷贝数组 a 的值之后传入 Fortran 代码,这时修改传入的临时数组对于 Python 代码中的数组没有影响。

表 9-7　Python 和 Fortran 语言数据类型的对应关系

Python 数据类型	Fortran 数据类型
整数或浮点数	integer
整数或浮点数	real
字符串	character
NumPy 数组	Fortran 数组

　　从上面的讨论可以看出,依赖 f2py 的自动推断功能仅能在极少的情况下获得正确的结果。为此 f2py 提供了控制参数传递细节的功能。这一功能可以通过两种方式实现:编写标记文件和添加特殊注释代码。默认的标记文件可在编译 Fortran 源码时通过-h 选项生成。

```
> f2py -h fib.pyf fib.f90 -m fib
```

　　与前面编译扩展模块的命令对比,这里的命令没有-c 选项。以上代码生成的标记文件 fib.pyf 如下(为节省篇幅,这里省去了以感叹号开头的注释语句)。

```
python module fib ! in
  interface  ! in :fib
    subroutine fib(a,n) ! in :fib:fib.f90
      real*8 dimension(n) :: a
      integer, optional,check(len(a)>=n),depend(a) :: n=len(a)
    end subroutine fib
  end interface
end python module fib
```

　　标记文件包含 f2py 基于用户输入(如-m 选项)和 Fortran 源码分析得出的模块名称、模块函数和函数参数传递方式等信息。通过修改该文件的内容并重新编译相应的 fortran 源文件,可改变最终生成模块的行为。

```
> f2py -c fib.pyf fib.f90 -m fib
```

　　第二种控制参数传递细节的方式是在 Fortran 源代码中添加特定格式的修饰指令(directive)。这些修饰指令以 Fortran 注释语句的形式出现,因此对于 Fortran 代码的功能无任何影响。下面以 9 点平滑 Fortran 子程序进行说明。

```
! smooth9.f90
subroutine smooth9(arr2d, nx, ny, smoothed)
implicit none
integer :: nx, ny, m, n
real*8, dimension(nx, ny) :: arr2d, smoothed
do n =2, ny-1
  do m =2, nx-1
        smoothed(m, n) =  SUM(arr2d(m-1:m+1,n-1:n+1)) / 9.
  end do
end do
end subroutine
```

　　该子程序的参数 arr2d 为需进行平滑的二维数组,nx 和 ny 分别为数组 arr2d 第一、二维的元素个数,smoothed 用于保存 arr2d 平滑之后的结果。从逻辑上而言,子程序 smooth9 的前三个参数为输入,最后一个参数为输出。但是,f2py 并不能自动分析出数组 arr2d 和

smoothed 之间的逻辑关系,因此会保守地将两个数组都作为输入参数处理。为了让 f2py 明确每个参数的目的和使用方法,可以在代码中添加如下四行注释语句。

```
subroutine smooth9(arr2d, nx, ny, smoothed)
implicit none
integer :: nx, ny, m, n
real*8, dimension(nx, ny) :: arr2d, smoothed
!f2py integer, optional, depend(arr2d) :: nx = shape(arr2d, 1)
!f2py integer, optional, depend(arr2d) :: ny = shape(arr2d, 2)
!f2py real* 8, intent(in)  :: arr2d(nx, ny)
!f2py real* 8, intent(out) :: smoothed(nx, ny)
do n =2, ny-1
  do m =2, nx-1
      smoothed(m, n) = SUM(arr2d(m-1:m+1, n-1:n+1)) / 9.
  end do
end do
end subroutine
```

与 f2py 相关的修饰指令必须以字符'!f2py'开始(在固定格式的 Fortran 代码中为从第 7 列开始的'Cf2py'),其后语句的语法与一般 Fortran 变量定义一致。对于绝大部分科学计算代码,仅须熟悉如表 9-8 所列的修饰命令即可完成绝大部分代码的转换。

表 9-8　f2py 常用参数修饰指令

注释指令	说明
optional	表示该参数可从其他参数计算得到,无需用户输入
depend(arg)	表示该参数依赖于另一个参数 arg
shape(arr,dim)	获取数组 arr 第 dim 维(以 0 开始)的长度
intent(opt)	表示参数的使用方式,opt 可为 in(输入),out(输出),inout(输入输出)

以上添加的 4 句注释语句中,f2py 可根据 Fortran 源文件正确推断出前三句。尽管如此,通过注释语句为每个参数添加修饰指令有助于确保代码的调用过程按照预期的方式进行。在添加以上的注释语句之后,即可正常编译并调用模块。

```
> f2py -c smooth9. f90 -m smooth9

>>> import smooth9
>>> arr2d = np. random. rand(1000, 1000)
>>> %timeit smooth9. smooth9(arr2d)
5. 8 ms ± 36. 8 μs per loop
```

　　与前面介绍的通过 Python 语言和 SciPy 函数实现的 9 点平滑计算程序对比可见，Fortran 代码实现的版本执行效率最高。

附录 A　常用链接

表 A-1　常用链接

序号	内容	网址
1	字符串格式	https://docs. python. org/3/library/string. html♯format-string-syntax
2	struct 模块	https://docs. python. org/3/library/struct. html
3	NumPy 输入输出	https://numpy. org/doc/stable/reference/routines. io. html
4	NumPy 元素类型	https://numpy. org/doc/stable/reference/arrays. dtypes. html
5	NumPy 数学函数	https://numpy. org/doc/stable/reference/routines. math. html
6	NumPy 数组图示	https://jalammar. github. io/visual-numpy/
7	SciPy 教程	https://www. tutorialspoint. com/scipy/index. htm
8	HTML 颜色表	https://htmlcolorcodes. com/zh
9	Xkcd 颜色表	https://xkcd. com/color/rgb/
10	Colormap 模块介绍	https://matplotlib. org/3. 2. 1/tutorials/colors/colormap－manipulation. html
11	ISO 8601 标准	https://baike. baidu. com/item/ISO8601
12	Pandas 支持的外部数据类型	https://pandas. pydata. org/docs/user_guide/io. html
13	SQL 语言 join 操作	https://pandas. pydata. org/docs/user_guide/merging. html
14	Pandas 绘图说明	https://pandas. pydata. org/docs/user_guide/visualization. html
15	xESMF 插值库	https://xesmf. readthedocs. io/en/latest/
16	xarray 的 GroupBy 说明	http://xarray. pydata. org/en/stable/generated/xarray. core. groupby. DataArray GroupBy. html
17	dask 调度器配置	https://docs. dask. org/en/latest/setup/single-distributed. html
18	CF 气象海洋数据规范	http://cfconventions. org/
19	WRF 模式常用诊断量	https://wrf-python. readthedocs. io/en/latest/diagnostics. html
20	WRF 在线手册	https://www2. mmm. ucar. edu/wrf/users/docs/user_guide_V3. 8/users_guide_chap5. htm
21	MetPy 的官方文档	https://unidata. github. io/MetPy/latest/index. html
22	Python 扩展模块	https://realpython. com/build-python-c-extension-module/

附录 B　实习资料

本书所用实习资料内容如下。

(1)全书各章节示例代码对应的 Jupyter notebook 文件。

(2)全书各章节代码用到的示例数据文件。

(3)全书其他相关 Python 和 Fortran 源文件。

实习资料下载:微信扫描如下二维码,获取网盘地址。